柏樹盆景造型與養護技藝

周士峰　王选民 ◎ 编著

U0333629

海峡出版发行集团
THE STRAITS PUBLISHING & DISTRIBUTING GROUP
福建科学技术出版社
FUJIAN SCIENCE & TECHNOLOGY PUBLISHING HOUSE

图书在版编目（CIP）数据

柏树盆景造型与养护技艺 / 周士峰，王选民编著.
—福州：福建科学技术出版社，2020.10
ISBN 978-7-5335-5232-9

Ⅰ.①柏… Ⅱ.①周… ②王… Ⅲ.①柏科 – 盆景 –
观赏园艺 Ⅳ.①S688.1

中国版本图书馆CIP数据核字（2020）第155042号

书　　名	柏树盆景造型与养护技艺
编　　著	周士峰　王选民
出版发行	福建科学技术出版社
社　　址	福州市东水路76号（邮编350001）
网　　址	www.fjstp.com
经　　销	福建新华发行（集团）有限责任公司
印　　刷	福州德安彩色印刷有限公司
开　　本	700毫米×1000毫米　1/16
印　　张	8.5
图　　文	136码
版　　次	2020年10月第1版
印　　次	2020年10月第1次印刷
书　　号	ISBN 978-7-5335-5232-9
定　　价	58.00元

书中如有印装质量问题，可直接向本社调换

前言

　　当下社会可谓是太平盛世，百业兴旺。在经济和文化艺术蓬勃发展的大潮流中，盆景艺术发展迅猛，盆景更为普及，人们对盆景已经不陌生了。但是，盆景艺术本身就是一门特殊的造型艺术，所面对的创作对象都是有生命的花草树木，都是在植物生长过程中来完成造型的，种植、养护都具有一定的难度。因此，盆景艺术与书法绘画、歌舞音乐等艺术相比还算是小众艺术门类。真正盆景的行家并不多，高水平的更少，业余爱好者居多。时下对于盆景艺术从业人员和爱好者来说，急需进一步提高创作水平。我们国家当下还没有盆景艺术专业学校，农林园艺专科学校也仅用少量篇幅来介绍盆景艺术的一般常识。这对于培养专业从业人员和盆景作家是远远不够的。我们应福建科学技术出版社之邀，编写了《柏树盆景造型与养护技艺》一书，旨在普及盆景知识，为盆景艺术的发展尽一份微薄之力。

　　关于盆景制作的学习方法，目前并没有什么具体的规定和模式。大多数从事盆景艺术工作的人是根据自己的条件自学。每个人的知识结构、生活阅历、文化修养有很大的差异，并非所有人都能入盆景之道。当然，也有拜师学艺的，可以跟师实践，但要成就学业最终还是要靠自己的努力。无论是自学还是拜师学艺，掌握正确的学习方法是非常重要的。如果学习方法不得当，就会影响学习效率，甚至误入歧途。实践证明，学习盆景者首先要认知盆景艺术是一门特殊的造型艺术，无论是艺术理论和创作技法都具有相当的难度和复杂性。况且，树木盆景艺术创作所需要的时间是非常漫长的，日积月累，连续不间断制作才能完成造型工作。因此，需要盆景作者拥有大量的知识储备。例如：古今艺术理论的相关知识，指导盆景艺术创作的理论法则，对盆景素材的审美认识，以及师法自然的审美体验，还有用于盆景造型的各种技能、种植管理及病虫害防治技术……这些都是学习盆景制作必备的知识，缺一不可！

　　本书的编写力求通俗易懂，详尽介绍了柏树的植物学特性、品种鉴别、园培知识，柏树盆景的常见树形、创作构思、造型技法、日常管理及作品赏析等内容。特别是对柏树的常用品种，特意将植物学特性和艺术表现方法、审美要素结合在一起，解说每一个品种的叶性、枝性在制作上的实际应用。造型技法部分，图文并茂，让读者能够直观地理解、掌握技法要领。书中实例讲解的是一个较复杂的山采柏树制作过程，目的是强化读者的实际操作感受。经典作品赏析部分，是为了帮助读者提高对作品的审美和解读能力。

　　在本书的编写过程中，得到诸多同好的大力支持。台湾李仲鸿、山东梁玉庆、南京郑志林、苏州杨贵生、常州吴国跃提供了部分照片；诚树园宋攀飞提供了大量资料，以及其他帮助。在此谨致谢意。

　　我们相信读者细心体会，辅以实践，必有收获。希望每一位盆景人通过制作盆景，达到以美启真、以美养性、以美怡情、以美立德的目的。

作者

目录 CONTENTS

一、柏树盆景概论

（一）中国柏树文化与柏树盆景

柏树是我国名树，自古以来它的应用价值及观赏价值就为世人所重视，古今广为种植。柏与松齐名，柏比松更坚韧健强，更长寿。

古人把柏树作为园林树种栽培的历史可以追溯至2000多年前的春秋战国时代，甚至更早。现在遗存的古柏树可以毫无疑问地证明栽培历史的悠久。如陕西黄陵的"轩辕柏"，树龄在5000年以上，该地尚有数以万计的千年古柏。山东岱庙的汉柏树龄已有2100年以上，河南嵩阳书院的"将军柏"（据说是汉武帝所封）树龄竟有

黄陵"轩辕柏"

黄陵盘龙岗上的"龙角柏"

嵩阳书院"二将军柏"

4500 年以上，山东曲阜有"先师手植桧"，四川成都有"孔明手植柏"，昆明黑龙潭有宋代郡主所植的宋柏等。

天下奇树古木多矣！然而，古柏卓尔不群，其沧桑感和震撼力较一般古木强，容易使人产生敬仰之情。从泰山岱庙汉柏的转骨扭筋到孔庙古柏树所营造的庄重森严，古柏的物性与人性达到了一种和谐的统一。形体高大的古柏苍劲挺拔，刚毅不曲，充满着大气、浩气和高古之气。

柏树作为儒家文化的代言、

曲阜"先师手植桧"

寄情于物的倾诉、祈福的对象，始终贯穿中华文化，生生不息。柏树的气质精神不但具有博大雄浑的阳刚之气，也富有儒家的文雅之风，所以诗词、绘画、园林、盆景，以及民俗无不涉及柏树。可以说，柏树与中华民族的文化精神有着极为密切的关系。古柏的自然物性被嵩阳书院的"将军柏"表现得淋漓尽致，其气魄、其威严具有强大的震撼力。"大将军柏"高12米，围粗5.4米，树身斜卧，树冠浓密宽厚，犹如一张大伞遮掩晴空。"二将军柏"周径15米，高约30米，树干下部有一南北相通的树洞，好似门庭过道，其盘根错节，历经沧桑，舍利（没有生命的木质骨干部分）、水线（活的组织）共生共荣，生机盎然。

宝岛台湾的玉山圆柏，生长于海拔3000米以上的高山，它以坚毅之生存方式，忍风吹、任雪压、承雷击、历干旱，在大自然雕塑下，留下了鬼斧神工般造型。

柏树的木质腺有树脂细胞，

嵩山嵩岳寺古柏

台湾玉山圆柏（李仲鸿提供）

但无树脂道，有香气。柏木的心材坚韧耐腐，所以在自然界所见到的千年古柏常有枯死的枝干经久不烂，坚硬如骨，这是因为木质纤维含有油脂，而且极耐风化的缘故。这种白骨化的枯干与常绿的枝叶形成鲜明的对比，由此天然造化、具有独特形象的古柏景观给世人留下了深刻的印象，所以民间有人将千年的古柏视为神灵而加以敬仰。

把柏树种在盆中，经过技术加工和艺术升华成为盆景的历史可以追溯到唐代。从苏州虎丘山庄的"秦汉遗韵"到扬州盆景博物馆的明代圆柏，以及苏北沭阳地区的民间古桧柏的栽培历史可知，在明清时期柏树盆景的栽培已经相当普遍。

新中国成立后，尤其是改革开放后，古老的盆景艺术走向复兴之路。20世纪90年代初，盆景人开始注重和重新定位盆景的传世性和长寿性，于是人们把目光重新聚焦柏树这个神奇的树种上。此后，叶色纯正、长寿命、小中见大等优点明显的柏树品种得到前所未有的重视。可以预测，不久的将来，具有中国特色的柏树盆景一定会绽放出新的光芒。

苏州虎丘"秦汉遗韵"　　　　　　　扬州明代圆柏

（二）柏树盆景品种选择

中国盆景常用的柏树树种为柏科圆柏属、侧柏属和刺柏属的一些品种。

圆柏在我国有18种和12个变种，引入2种。圆柏的叶子有两形，即刺形和鳞形，幼树时可以全部是刺形，大树时可以全部为鳞叶或刺叶，也可两者兼有。圆柏的刺形叶较小，一般长0.6～1.2厘米。鳞叶因品种不同，其粗细、长短差异变化比较明显。我们在制作盆景的实践中发现，圆柏的叶子可以因树龄、品种、光照条件，人为对树枝的刺激因素而产生叶形的变化。所以有些地区习惯上将有刺叶的圆柏都称为"刺柏"，盆景界也大多认可此称谓。传统上称之为桧柏，目前浙江省仍保留这种称谓。也有称之为"文武柏"。如果全部是鳞叶的品种称圆柏或桧柏，如有特殊命名的品种就直接称其名称，如龙柏（即圆柏的变种）。

吴国跃桧柏作品
（高80厘米）

　　圆柏在日本的不同地区多达数十个品种，各有名称，而真柏是众多的圆柏品种之中最优秀的品种。如日本新潟县的系雨川真柏，它是圆柏的变种，为矮化的灌木，典型的鳞叶细小而致密，围簇，色泽嫩绿，堪称一流的叶性，非常适合制作盆景。

　　真柏生长缓慢，木质纤维致密而坚硬，耐风化，天然的舍利干非常迷人。系雨川真柏是在日本的大正时期开始用于盆景制作的，日本人说它的登场使日本盆栽大出风头，光芒四射，深受盆栽家的青睐。

日本早期真柏爱好者攀岩采挖真柏

　　日本人自古以来就有崇尚自然的观念，它们把深山圆柏视为一种敬仰物，怀念他们的先人。他们认为，乘着黑潮漂泊而来的先人们，上岸之后看到的第一幕就是海岸边的白骨化的真柏古木，所以圆柏在日本人心目中有着特殊地位。后来在日本的江户时期，由于中国文化的传入，特别是受中国儒家学派的文人影响，他们将圆柏视为儒教的高尚树种。对江户时代的人而言，圆柏是异国文化的洒脱树种，更是儒教的正道树种。日本人喜爱圆柏，实际上是尊孔、崇儒的表现。

　　到了日本的明治时代，日本文人受新文化的影响，在盆景的造型上追求自然。以真柏来制作文人树也是这个时期形成的。他们认为真柏是唯一能代表高山、深山圆柏的树种。

　　在日本除了系雨川的品种之外，深山圆柏的分布很广。如：纪州、四国、秩父、鱼津、东北、北海道等地产的品种也不逊色，时间长了日本盆栽界将优良圆柏都称为真柏。为了区分产地及品种身价，就以地区名称加"真柏"二字来命名，如：纪州真柏、四国真柏、东北真柏等。

　　美国的加州西海岸地区、西班牙、朝鲜半岛等地也有优良的圆柏品种分布，并且已用于制作盆景，他们也在产地后边加上"真柏"二字，在书刊上一看便知。

（三）柏树盆景制作

　　拥有了可以利用的优势资源，出类拔萃的山采素材，只是为柏树盆景的创作提供了一定的材料基础。要成就一件高雅的盆景作品要具备很多知识、素养和技能，还要付出时间和金钱的代价。

　　柏树斗寒傲雪、坚毅挺拔，素为正气、高尚、长寿、不朽的象征。把握柏树的精神品质，体会"真、善、美"的思想内涵，以此指导柏树盆景的创作，方可制作出柏树盆景佳品。

　　在创作实践中要用心观察、欣赏自然界古柏的形象特征，诚如宋代画家郭熙所说："真山水之川谷，远望之以取其势，近看之以取其质。"对古柏的外貌特征，每个部位的细节，如树皮水线、枯干舍利、神枝及疤结洞穴大小、深浅、形态变化，都要了然于心。在面对创作素材时要做到先审材立意，意在笔先，合理取舍。在造型的方法和技法应用上还要学习中国传统的绘画理论，要学会用艺术章法指导创作。

技法是应用工具和材料表现人们的哲学思想、人文精神、价值取向的方法或技术。技术＋方法＝技法。一名盆景制作者或创作者，所有的设计理念、创作思想都是在对一些植物生理、技术原理等理论了解的基础上，实施巧妙、合理的技术和手法，从而实现设计方案中的理想效果。综观一些艺术内涵深刻的盆景作品，技法的实施总是恰到好处的。

盆景是有生命的艺术品，它具有创作的连续性和可变性。所以盆景生命的延续需要人们精心呵护，需要情感的投入。这也许正是盆景的精神魅力所在。柏树盆景常绿、耐寒、耐粗放，日常管理中无特殊的要求。通风透光的环境，湿润的小气候是最基本的环境条件。盆景的种植用土以颗粒性好、通透性好的沙质土为宜。水分管理上要求见干见湿、浇则浇透，施肥要坚持薄肥勤施的原则。植保上尽量做到以防为主，定期杀虫杀菌，就可以取得好的效果。

总之，把握柏树的内在气质，寄情于物，表达思想情感，达到审美上的愉悦，这才是盆景人所追求的终极目标。在追求完美极致的艺术道路上，了解柏树品种的特性，认清柏树的本质特征，抓住柏树盆景的审美要素，采用恰当的技法，做好管理工作，才能玩好柏树盆景。

二、柏树盆景常用品种及艺术表现

柏科植物是一个大家族，有 22 个属 150 多个品种，我国有 8 属 32 种和 6 个变种，引进 1 属 15 种，分布遍及全国。柏树有乔木和灌木，为四季常绿树。它叶子短小，分为两形，有刺的为刺形叶，圆叶的为鳞形叶，都极适于观赏。

（一）圆柏属品种

圆柏属我国有 18 种 12 变种，直立乔木、灌木或葡萄灌木。冬芽不显著，有叶小枝不排列成一平面。叶刺形或鳞形，幼树之叶均为刺形，大树之叶全为刺形或全为鳞形或二者兼有。刺叶常 3 枚轮生，基部无关节，鳞叶交叉对生。雌雄异株或同株。目前制作盆景常用的品种有系雨川真柏、纪州真柏、台湾真柏、修机柏、桧柏、高山柏、龙柏等。

1. 系雨川真柏

（1）概况

就植物学分类而言，所有 22 属 150 种柏科植物中没有"真柏"这个名称，"真柏"只是盆景人对这个圆柏品种长期约定成俗的叫法，一种俗称而已。它可能源于日本元禄时期著名的作家井原西鹤的一段记载："对于江户时代的人而言，圆柏是异国文化的洒脱树种，因此，一般平民百姓都争相种植。"

"为了迎接各方的宾客，在造园中不可缺少的树种是柏桢之龙虎。"柏桢即指圆柏，"真"同"桢"。于是也就由此慢慢成了后来盆景人所推崇的"真柏"之称谓。

据明治时代的盆栽杂志《盆栽雅报》中记载：明治二十一年，爱好者太田六郎入手一棵与中国画中的圆柏非常相似的柏树，他感叹道："这就是真的柏树啊！"于是"真柏"这个称呼就在业者之间流传开了。

笔者认为，有关真柏称谓的趣事无外乎说明两个问题：一是这个称谓一定与中国的传统文化有关，说明了中国传统文化对日本盆栽的影响之深远。二是它独特的神枝和舍利干以及变化的水线十分稀有，必须配上一个响亮的名字，才能真正体现它的"王者风范"。

系雨川真柏是日本高山圆柏的一个品种，它原产于日本纪州岛新潟县系雨川市，因地名而称之。其中，在黑姬山、明星山的东南壁山采的品种最为纯正，故这两个地方被称为"系雨川真柏的故乡"。系雨川真柏属小叶系高山圆柏，山采素材诞生于严苛的环境中，其树干形态超越了人们的想象，扭曲旋转的舍利干是大自然千百年的自然雕琢；活的水线呈棕红色，隆起圆润之后更有一种不可抗拒的"质变"的感觉。舍利、水线常交织相伴，缠绕扭转，形成一种奇观。系雨川真柏木质坚硬细腻、纤维致密、油脂含量极高，有一种淡淡的香味，耐腐性好。枝干柔韧性好，末端过渡顺畅，铝丝造型后容易定型，不反弹。

日本盆栽国风赏获奖作品（系雨川真柏）

一般来说，系雨川真柏的叶性表现最好，不过也不是说全部都具有优良的叶性。在日本的其他地方也有叶性良好的真柏。因此，不能光凭产地来判断叶性的优劣。叶性粗长的品种较难定型，不利于表现小中见大的效果，要选择那些分枝有序、叶小、相对密集成簇的品种。

系雨川真柏天然叶性

目前国内流行的几个日本真柏品种，都是日本盆景人经过数十年的时间筛选出来的优良品种，特别适合制作中小型盆景和文人树。经过国内近二三十年的引种与栽培，在南北地域不同纬度的地区叶性表现较好，其稳定性也是非常不错的。

系雨川真柏为矮化的灌木，枝干呈棕褐色，常屈曲匍匐，枝条沿地面扩展，小枝上升作密丛状枝梢及小叶向上斜展。刺形叶细短三叶交叉轮生，长3—6毫米。

系雨川真柏叶性表现

鳞状叶细小而致密，围簇、抱团，色泽嫩绿，叶性稳定。

（2）艺术表现

系雨川真柏为日本真柏小叶系品种，素材来源多为人工苗培，适合制作中小型盆景。它的小枝叶性和芽性特别优秀，由多个小枝组合成不同结构的层次，可表现绿色的枝叶之美。小枝粗度在2厘米左右的枝干可以用铝丝缠扎整形。木质已老化的树干可以根据造型需要雕刻制作舍利干。

2. 纪州真柏

（1）概况

原山采于日本的铃鹿山系大台原附近。在日本现有真柏的流行品种中，纪州真柏的存量并不是很大，这可能说明日本盆景界对优良品种选择精益求精的谨慎态度和追求完美的理念。

纪州真柏可能于二战时期或稍晚的时候引进国内。笔者曾在 20 世纪 80 年代中期就在国内购得产自浙江地区的嫁接苗，当时可能作为绿化用苗进行推广和生产，后来逐渐被盆景界人士认可并推崇至今。可能是先入为主的原因，现北方地区（山东、安徽、江苏北部）的盆景人对纪州真柏的认可度比较高，早期山采的侧柏、崖柏多选用纪州真柏进行嫁接改良。

宋攀飞作品（纪州真柏）

纪州真柏叶色翠绿，在北方入冬后叶色会变成暗绿色。叶性表现前端密集，容易形成球状，小枝前端不容易徒长。所以在生长季要不断疏叶摘叶，集中生长优势于顶端，以尽快达到枝条造型所需的长度要求。同时也通过疏叶通光，露出枝脉，达到良好的观赏效果。

纪州真柏天然叶性

（2）艺术表现

纪州真柏是小叶系品种，适合制作中小型盆景。它的叶性较密，小枝芽头容易形成朵状。耐观赏，但要及时清理多余的小叶，才能保持小枝的层次组合效果。相比于系雨川真柏，要多一些清理旧叶的作业。园培纪州真柏的木质稍疏松，舍利的质感表现欠佳，与系雨川真柏的性状相比尚有差距。其小枝常用铝丝缠扎整形。纪州真柏生长增粗缓慢，园培素材木质老化非常慢，可以根据具体情况雕刻，以展现舍利。

纪州真柏叶性表现

3. 台湾真柏

（1）概况

台湾真柏是台湾盆景人利用园培技术经过长时间的人工干预所培育出来的盆景材料。实践证明，园培技术的成熟与推广运用，为盆景的素材来源开辟了一条全新的道路。通过考察论证，它的亲本来源于大陆东南沿海一带的苗圃，是有一定时间的园艺培育经历的圆柏变种。从山采野生的圆柏中现尚未发现与其相类似的植株。

目前，大陆盆景界对台湾真柏的出处较为可信的说法是：扬州瘦西湖盆景园有两盆明末清初的圆柏盆景遗存，一盆曰龙腾，一盆曰虎跃。其植物学性状和台湾真柏的相似度极高，所以基本上可以推断出台湾真柏是海峡两岸盆景人辛勤劳动和聪明智慧的共同结晶。

台湾盆景人从 20 世纪五六十年代开始园培台湾真柏，经过几代人的不懈努力，培养了一大批个性鲜明的台湾真柏素材。大陆盆景人从 20 世纪 90 年代中后期开始大量引进成品树及半成品树，现在经常活跃在各大展览活动中的台湾真柏作品大多是早期引进的。大陆巨大的盆景消费需求，带动和激活了台湾的盆景产业，台湾真柏的崇拜热度一直维持了数年。随着消费者的逐步理智，以及圆培素材千树一面、机械雷同的缺陷的突显，人们对台湾真柏也有更加理性的评价和认识。

和圆柏优良品种相比，台湾真柏的叶性偏粗大、分枝密度一般。在我国北方光照稍短的地区刺状叶增多，圆叶增粗，而且柏球果实亦偏多。优点是生长速度较快。它适宜用于大型山采柏树的嫁接品种改良。其叶性、枝性与当前大量的山采侧柏风格相似，匹配后两者相得益彰。

杨贵生作品（台湾真柏）

（2）艺术表现

台湾真柏是大叶系真柏品种。其叶长而粗，在我国北方地区表现更差一些，鳞叶会变粗出刺叶。素材来源多为人工园培，树形都有一定的整形基础。它的叶和小枝都可以形成单独的一束，利用多枝芽头的组合，可以形成很好的表现效果。由于它的叶子较长，要根据不同的季节及时清理掉旧叶、长叶，以保持良好的观赏效果。

台湾真柏天然叶性

台湾真柏叶性表现

枝干的整形，小枝以铝丝缠扎整形为好，粗枝干可以采用特殊的整形技法。

对于老化程度好的枝干，可以做成舍利干，但不提倡把一棵完整树干大多数的树皮去掉，刻意将其雕刻成舍利干。树干的老态不是以白骨化程度来表现的，要准确认知树皮的老化形象，合理应用雕刻技艺。

4. 修机柏

（1）概况

修机柏出自浙江台州鹤立盆景园，它是圆柏的一个变异品种。这个品种的亲本来源是国内园艺栽培圆柏品种的一个芽（枝）变新种，或者是来自这个园艺栽培圆柏的有性繁殖的子代。它被有心的园主发现。2014 年 6 月，经审报林业部门后获得植物新品种权证书，将其命名为"修机柏"。它的发现不但丰富了柏树的品种，更重要的是为提升柏树盆景的艺术表现提供了优质的材料。

修机柏的特点：鳞叶细小、颜色翠绿，分枝疏密有致，枝条呈平行生长。小枝分枝角度明显，侧枝不对称，左右伸展。枝干表皮光滑、红润、无明显根原基。其木质坚硬，油脂容易沉积。生长速度与台湾真柏相似，非常适合园培。

诚树园作品（修机柏）

（2）艺术表现

修机柏叶性和枝性表现优良。为中叶系品种，比小叶的系雨川真柏叶大，比大叶的台湾真柏叶小，用于制作大、中、小型盆景效果都非常好。它的小枝叶性呈朵状，容易组合构成层次，其形态具有良好的表现力。

修机柏天然叶性

修机柏枝叶表现

修机柏经铝丝缠扎，整形定型效果非常好，定型快且不反弹是它的优点。

修机柏多为园培素材，目前多选其枝条做接穗嫁接到侧柏、桧柏的老桩材上，用于改良品种。

5. 桧柏

（1）概况

桧柏是国内最传统的柏树品种。早些时候在江、浙、皖地区最为流行，曾经广为盆景界推崇！它以刺叶为主，老树自然生长圆叶，故俗称"刺柏"。制作盆景素材早期山采于江苏南部、安徽长江中下游流域、湖北东南部沿江流域海拔千米以下的山上。其中，以安徽枞阳山区的桧柏最具代表性。天然的盆景素材具有形状好、树龄大等优点。经过数十年的大量山采，古老的桩材已濒临绝迹。现已极少发现有好的材料下山。国内柏树盆景的兴盛之风始于这些早期的山采桧柏，造就了一些优秀盆景作品。

诚树园作品（桧柏）

桧柏的叶感观上显得粗硬，小枝条生长序性差，容易萌发腋芽及不定芽，叶性不是很理想。每年的春夏之交隔年的老针会发黄脱落或粘在小枝上，影响枝叶间的通风和透光。如不及时清理，易生介壳虫、红蜘蛛等害虫，同时也会影响观赏效果。近年来，国内玩家陆续通过嫁接换冠的方法，将其更换成叶性更佳的圆柏品种，以提高观赏性和可操作性。但作为一个传统的柏树品种，仍然有很多爱好者被它的针叶特性和独特的刚性魄力所吸引！

桧柏天然叶性

（2）艺术表现

桧柏是刺叶性圆柏，其小叶呈针刺状，叶性强健粗壮。小枝可以形成束状，采用合理的技法可以整理出漂亮的层次。枝法的基本骨架宜采用铝线缠扎固定其形，以培养过渡枝。前端小枝可以通过修剪来完成层次的组合。

桧柏枝叶表现

在每年夏秋季节要及时清理和修剪枝组上的腋芽、下垂弱枝及前端徒长小枝，以保证光线的通透及良好的观赏效果。造型方法上对粗大的枝干可以采取特殊技法加以调矫。小枝常用铝线缠扎整形。桧柏多为山采的老桩，也有奇特之材，树身常有残枝断头及自然风化形成的枯干。审材造型时可根据素材特点加以合理取舍，通常应用雕刻技法使这些枯干的形象更加自然完美。

6. 高山柏

（1）概况

高山柏为灌木或乔木。叶多为刺形，也有鳞叶生成。三叶交叉轮生，微斜伸，排列紧密。叶性细密，小枝柔软易下垂。产自陕西、青海、云南、贵州、四川高原等海拔 2000 米左右的山地林中。近年来，云南有批量山采高山柏。当地引种驯化时间尚短，到目前为止健壮的并不多见。有人开始嫁接更换品种，有待进一步观察。内陆及北方地区尚无栽培完全成功的报道，有待进一步实践驯化。

高山柏因生长在高海拔地区积雪、低温的环境中，造就了千姿百态的树形。同时，因为高海拔地区昼夜温差较大，造成木质油脂沉积少、不耐腐蚀等缺点。

诚树园作品（高山柏）

（2）艺术表现

高山柏属小叶系高山圆柏的变种。叶性表现欠佳，多为针叶。小枝柔软易垂，容易形成团状成簇结构。生长期应及时清理老叶枯叶，以利通透。它枝条柔韧性好，适合铝线缠扎造型。山采高山柏，因生长环境特殊，树干多旋转扭曲，树形千变万化。其木质多疏松，残枝断头及腐烂之处可以通过清理雕刻表现舍利形象，但要尽量保护完整的树皮。

高山柏天然叶性

高山柏枝叶表现

7. 龙柏

（1）概况

龙柏是圆柏的变种。鳞叶为主，叶偏大，与台湾真柏相似。木质为斜纤维，主干在生长过程中容易形成略有旋转的趋势，形似游龙，所以园艺界俗称龙柏。

台州梁园作品（龙柏）

　　龙柏栽培历史悠久，广泛应用于园林绿化，多用于绿篱、行道造景或园林独植。龙柏也可用于制作盆景。由于叶性偏粗长，老叶容易下垂，叶形的表现效果不佳，所以很少用原本制作盆景。可以利用龙柏的老桩嫁接优良品种。

　　（2）艺术表现

　　龙柏是大叶系圆柏变种。其叶长而粗，小枝容易下垂成簇，枝法上很难表现良好的层次，也影响小中见大的艺术表现。由于它的老叶子粗长，所以要经常清理旧叶、长叶，以保证良好的观赏效果。小枝以铝线缠扎整形为主，粗枝干可采取特殊整形技法整形。对于一些老桩可用雕刻的方法来表现水线和舍利形象。

龙柏天然叶性

龙柏枝叶表现

（二）刺柏属品种

刺柏属植物为乔木或灌木。冬芽显著。叶刺形，三叶轮生，不会出现鳞叶。基部有关节，不下延，披针形或近线形。雌雄同株或异株。10 余种产亚洲、欧洲及北美。常见的有 4 个品种，我国有 3 种，引入栽培 1 种。

1. 刺柏

（1）概况

刺柏为乔木，高达 12 米，树皮褐色，枝斜展或近直展。小枝下垂。叶线形或线状披针形，长 1.2—2 厘米，宽 1—2 毫米。产于苏、皖南部及华南一些地区。生于海拔 300—3400 米林中。刺柏的利用应该与桧柏有很大关系。早些时候盆景人对品种的来源出处重视不够，常把刺柏与桧柏混为一个品种。到了后来又把刺柏和欧洲刺柏混为一体。其实，这三者都是柏科植物。它们有一些亲缘关系，但完全是 3 个不同的品种。刺柏早期以安徽南部山区山采桩材较多，其中有很多与崖柏很类似的优良素材下山。由于成活率低，现在世面上也不多见。20 年前笔者曾在安徽绩溪见到一批质量较好的刺柏，其天然的舍利似鬼斧神工之作，水线扭曲且木质坚硬。当时对该品种认识不全，擦肩而过。刺柏多以垂枝造型见于盆景展会上。后来因叶较大、生性粗不易控制，且容易缩枝死枝等缺点，逐渐不被盆景人赏识。用今天的眼光看，经嫁接改换品种后完全可以将刺柏的历史重写。但资源不可再生，光阴不能倒流！所以珍惜和理性地对待每一个品种，尽量做到扬长避短、物尽其用，才是明智之举。

王选民作品（刺柏）

（2）艺术表现

刺柏叶为针叶，小枝易下垂，强壮枝垂直向上。其木质为直纤维。在国内尚无人工园培素材。素材多来源于山采，制作盆景时多利用其小枝下垂的特点表现垂枝式的造型。小枝的造型定位多用铝线缠扎法。在养护的过程中，小枝的修剪和摘芽工作非常重要。根据素材条件可以制作舍利干，效果非常好。

刺柏天然叶性

刺柏枝叶表现

2. 杜松

（1）概况

杜松为小乔木。枝近平展，树冠塔形或锥状柱形。小枝易下垂。叶条状刺形，质厚，坚硬而直，长 1.2—1.7 厘米，宽约 1 毫米，先端锐尖。在我国产于北部山区海拔 2000 米以下较干旱的山地。俄罗斯远东地区、朝鲜及日本有分布。日本盆栽中有许多杜松名树，其舍利坚硬、水线隆起、叶色浓绿，多表现直干古柏形象，主要产自日本岛中部以南，四国、九州等地。在山采真柏越来越少的情况下，杜松作为替代树种登上盆栽的舞台。

杜松的针叶坚硬刺手，叶粗大。夏季老叶枯黄，易粘在小枝干上，不好清理，有碍观感。也容易滋生螨虫，导致枯枝枯叶。我国少有栽培。

日本盆栽作品（杜松）

（2）艺术表现

杜松叶刺形，叶粗质厚。顶端壮枝垂直向上，小枝易下垂。整形宜采用扎剪结合的方法。夏秋季节应及时清理老旧的叶子，并及时剪除腋芽及强势芽，以保证光线通透。小枝的造型定位多用铝线缠扎法，粗干可用特殊技法整形。素材多取自山采。杜松可根据素材的自身的条件表现舍利的形象。

杜松天然叶性

杜松枝叶表现

3. 欧洲刺柏（璎珞柏）

（1）概况

欧洲刺柏为乔木或直立灌木。叶线状，全刺针形，三叶轮生，宿存枝上约3年。叶长0.8—1.6厘米，直而不弯。枝条直展或斜展，小枝易下垂。树皮灰褐色。原产欧洲，我国河北、山东、江苏、河南等地引种栽培作观赏树。

欧洲刺柏用作盆景材料在国内仅有20多年的历史，目前尚在推广和认识阶段。欧洲刺柏叶细色绿，垂枝柔和，颇有垂柳的风韵，利用欧洲刺柏小枝下垂的特性来表现垂枝式造型效果非常好。

诚树园作品（欧洲刺柏）

（2）艺术表现

欧洲刺柏树性强健，很少有枯枝枯叶。可选用具有柳树身段的山采侧柏、圆柏、刺柏嫁接后制作垂枝式造型，也可用侧柏小苗嫁接繁育园培素材。欧洲刺柏小枝柔软纤细，自然下垂可达50厘米左右。其分枝不对称，很容易表现小枝的分枝过渡，所以它是制作垂枝式盆景的最佳树种，且成形后的盆景可以四季观赏。在过渡枝的培养方法上，多采用剪扎结合的技法，即修剪小枝和铝线

欧洲刺柏叶性表现

缠扎定位结合应用。同时在生长季节配合摘芽、去旧叶等打理作业，很容易收到满意的效果。作为柏科植物，可根据具体条件制作舍利干。但这个树种还是以表现垂枝之美为主，白骨化的舍利容易喧宾夺主。

欧洲刺柏艺术表现

（三）侧柏属品种

1.侧柏

（1）概况

侧柏为单种属植物，独属独种。乔木，高达 20 米。幼树树冠卵状尖塔形，老树则广圆形。树皮淡灰褐色。生鳞叶的小枝直展扁平，排成一平面，两面同形。鳞叶二型，交互对生背面有腺点。雌雄同株。在我国分布广泛。古时多用于陵园或寺院种植。陕西黄帝陵、河南嵩阳书院、山东泰安岱庙、孔府孔庙等地均有千年以上树龄的侧柏。这些千年古柏是人们从古至今崇拜的神灵树种，也是儒家文化传承中最具代表性的庙堂文化树种。现在也常见用于园林绿化。

侧柏作为盆景材料的应用历史无法追溯。在近几十年，山东泰安及青州等地的盆景爱好者开始用侧柏的老桩制作盆景。出自泰山西北麓的灵岩寺周边的侧柏老桩质量最佳，很多侧柏玩家对"灵岩柏"推崇备至。据说 20 世纪 80 年代就有山采侧柏，但成活率极低，也不被当时的主流盆景人士认可。主要问题是叶性太差，小枝叶的枝法表现不好控制；再加上当时的管理技术问题，侧柏的枝干易感染真菌，诱发流胶病，造成小枝枯腐坏死，故曾一度被盆景人冷落。随着圆柏的山采资源消耗殆尽，近十多年来侧柏山采资源遭到了掠夺性的盗采。土柏、二台柏（也称坡柏）、崖柏（生长在山石崖壁上的侧柏，不是植物学分类中命名的崖柏），开始盛行，并形成了一条从源头采挖、运输、栽培、制作到流通环节的产业链。大量的崖柏下山后种植成活率低，造成了崖柏资源的极大浪费。仅存成活的盆景素材中，好桩更难求。

山采侧柏桩材形体硕大，粗度可达 2 米左右，形象老态龙钟，观赏价值高。尤其是崖柏树龄大，生长环境复杂，树形千奇百怪，活的树皮水线变化莫测，木质坚硬，自然风化，扭筋转骨般的天然的舍利干极具观赏性。这是崖柏玩家梦寐以求的神奇素材。山采侧柏的盛行之风，一方面是材料本身具有独特优势，另一方面是得益于嫁接技术的日益成熟。侧柏亲和力强，可以和所有的柏科植物嫁接，通过嫁接方法既可利用侧柏的老桩优势，又可结合其他优良品种的枝叶性，这种搭配珠联璧合，相得益彰。

梁玉庆作品（侧柏）

（2）艺术表现

侧柏多为鳞状叶，叶粗，小枝扁平直立向上，排列成一个平面。成束性差，多枝芽头之间组合效果欠佳。由于它的叶性粗犷，故在生长季节要随时摘芽疏理，剪除强势的小枝。造型多采用扎剪结合的方法，小枝用铝线缠扎整形，粗枝干可采用特殊的整形技法。侧柏素材多为山采老桩，残枝断面较多，雕刻是改造这些粗糙断面的唯一途径。施行技法时要遵守化丑为美、去繁就简、去伪存真和去粗存精的原则，弄清古柏的审美要素和自然造化之理，合情合理地表现柏树的自然美形象，以达到"虽为人工、宛若天成"的艺术效果。

侧柏天然叶性

侧柏枝叶表现

三、柏树盆景常见树形

（一）直干式

直干式，顾名思义，树的干身直立向上垂直伸长，树的根盘向四面伸展，盘根错节，扎地有力。其特点是立得正，站得稳。它象征着自然界立地而起的千年古柏，具有端庄挺拔、老而弥坚的精神气质。这种自然树形非常有审美魅力，也是盆景界玩家公认的最具挑战性、最难把握的树形之一，造型上稍有不慎就会落入俗套，很容易形成千树一面的创作误区。所以在创作时要注意：多观察自然界的古柏大树，从中领悟古柏的形象特征和精神气质；把握好整体和局部的审美要素；在盆中能够集中概括形象特征，采用以小见大的手法把古柏的形象典型化。

直干式（圆柏，树高126厘米，王选民）

（二）双干式

双干式树形多表现在两干直与斜、粗与细、大与小、高与低等矛盾对比中，寻求一种平衡与和谐。在造型上要强调两干之间的配合和空间布局上协调。主与次争让关系的处理尤为重要。

双干式（圆柏，树高90厘米，宋攀飞）

（三）斜干式

斜干式是一种比较常见的树形。树干向左或向右倾斜都可以。根据树的根盘和主干的趋势，结合树冠状况，自然而然地倾向一方，从而构成协调的树相。斜干式倾向性的动势比较明显，在造型时的取势定势特别关键。一般原则是：主枝的走向要与主干的倾斜方向一致，并且注意平衡枝的应用。顺势而为方得要领。

斜干式（圆柏，树高80厘米，周士峰）

（四）曲干式

　　曲干式是广大柏树盆景爱好者最为喜爱的树形之一。它是自然界中高海拔、高强风、贫瘠的山地环境造就的奇特树形。它千姿百态，百看不厌，耐人寻味。曲干式树形在造型设计时，要把握好原桩材的天然野趣，充分发掘最具审美魅力的天然美部分，合理地利用自然造化美，并与手工制作巧妙地融合。这样创作上才不会失真，避免出现"匠气"。

曲干式
（台湾真柏，树高 120 厘米，陈明兴）

（五）悬崖式

　　悬崖式原本是指生长在悬崖峭壁上的一种树形，盆景制作中模仿这一树形。悬崖式是盆景中的比较特殊的形式，它有一种倒挂的倾向，容易让人联想起一种临危不惧的精神品质。造型时要依据素材的自身条件顺势而为，因材定势。在布局上要注意画面的视觉重心营造，既要有一泻千里之势，又要做到险峻中求稳定。

悬崖式
（台湾真柏，树高 110 厘米，宋攀飞）

四、柏树盆景创作构思

（一）柏树盆景的选材

柏树盆景的素材来源一般为野生山采与人工园培。

山采柏树的取材历史较为久远，真正意义的批量挖掘应该追溯至 20 世纪八九十年代。那个时候开始就有盆景爱好者在江苏、安徽、河南一些山区陆续采集桧柏。至 2000 年左右，山采桧柏资源几尽枯竭。与此同时，山东地区出现了侧柏盆景，素材源自泰安、青州一带的石头山上，体形硕大，形态俱佳。几年之后侧柏老桩的山采行为，已扩展到山西、陕西、河南的一些山区。时下山采柏树资源丰富，可塑可造的素材很多，但不提倡挖掘。近几十年柏树人工园培素材也很丰富，以浙江、江苏北部、安徽等地较有影响力，各地逐渐形成了不同规格、不同品种的规模式培育和经营理念。相信不久的将来，园培盆景素材能够满足盆景爱好者的需求，柏树盆景素材来源走上可持续发展之路。

1. 山采柏树素材的选择

①选"老态"：可从断面的年轮分析。老的柏树木质紧密，心材比较大、颜色偏深，油脂充盈，水线健康饱满，年代感强，具备天然古柏的特质与赋性。

此素材根部盘根错节，截面上看年轮细密、油脂外溢

古朴奇趣的舍利部，就是此素材的一个"亮点"

②选舍利：舍利自然天成，分化程度高，稍加修饰既能达到天人合一、妙趣横生的自然美的状态。舍利在整体构图中，视觉上有冲击震撼力，其大小、比例、位置要合乎情理。

③选水线：水线的线条要健康饱满，富有变化，有露有藏，上下一气贯通，并且位置要合理。水线与舍利要和谐统一。水线经过处可以通过嫁接补条的手段，满足造型的需要。

此素材水线旋转流畅，自然而生动

④选树形：体量适中，树形变化自然，根盘扎实，树相苍老，野趣横生。枝干过渡好，干顺、枝顺，又极富有韵味，充满诱惑力。水线、舍利与整体树形结构配合协调。

此素材树形有鲜明的个性，不落俗套，有野趣

⑤选潜质：所选素材应先天具备古树的潜在素质，容易通过雕刻、嫁接等技法的改造而提升其艺术性和经济附加值。从表面的一些疤、结、洞、穴来判断分析木质纤维结构中的繁杂变化，最大化地创造"美"的价值。这也是对作者和收藏者的一种鉴赏能力的考验。

此素材前面的截锯断面粗大，但从表面分析木质里面的纤维变化丰富，减肥雕刻效果佳

此素材后面的肌肤有力度，有变化，有潜力

2. 园培柏树素材的选择

园培素材多以中小型材料为主，可供选择的材料相对宽泛。人工培养的目的明确，素材的可塑性强，选材相对容易把握。

综上所述，柏树的选材要多角度、全方位来考虑，不能孤立地把握一个选材要素而忽略其他方面的要求，要统揽全局，突出重点，发掘个性，不落俗套。只有这样，才能在繁杂的盆景素材中，练就一双识材赏美的慧眼。

园培12年素材，
已初具观赏效果（宋攀飞）

（二）柏树盆景创作中的"审材立意"

不复杂的素材，创作思路清晰，意象明确，容易取舍定势，上手制作比较快。还有一种情况是对半成品树和成品树的改作。其素材本身在前期的创作已有某种造型的基础和创作方向。在重新审材立意时不要被原作者的创作意图所左右，要重新分析认识树形的优缺点，扬长避短，从而准确定位新的创作方案。

山采柏树老桩，一般来说，从桩头成活以后就要开始构想创作思路了。首先要选择一个最佳角度的观赏面，分析根盘是否扎实且又能站得住，枝干过渡如何，树姿的总体发展趋势，水线是否在合适的位置上，舍利部分能否通过取舍雕刻而提升观赏价值……这些因素经过综合考虑后才能确定制作方案，才能定枝定位进行培养，才能决定何时嫁接更换优良，何时实施雕刻等技法。然后再进行枝干的造型定位和布局。依这一过程循序渐进，逐步完善，为素材"华丽转身"而年复一年地制作。

山采桧柏嫁接修机柏作品
（树高110厘米，王选民）

　　有些山采素材本身的一些特质是人为无法改变的，比如：根部被石头挤压后形成的扁平缺陷，僵硬的粗干，等等。这些先天的缺陷只能通过局部的改造尽可能化丑为美。好在柏树的可塑性较强，通过雕刻技法可以解决一些干顺枝顺的问题，通过放养牺牲枝可以达到水线快速隆起圆润的目的。

山采侧柏（正面）　　　　　　　　　山采侧柏（背面）

拟设计为一正一斜双干树形。2010 年选点嫁接时考虑到双干协调性及空间上的争让关系，主干以左上方枝条培养过渡枝结顶，斜干以右下方枝条尽量向下延伸结顶，未来的空间留白放在两干的中间

嫁接 5 年后（2015 年）初次造型（正面）　　嫁接 5 年后（2015 年）初次造型（背面）

山采侧柏创作过程（宋攀飞）

　　柏树盆景创作中的"审材立意"，既有现场创作的即兴发挥，又有在长期培养中素材既定造型方案贯穿始终的实施。这一创作方法是为了达到作品的最佳观赏效果。

嫁接 10 年后（2020 年）的正面照，基本完成原设计方案

（三）柏树盆景创作中的章法布局

1. 空间有美，气韵生动

空间是静止的，也是流动的。但是好的设计布局会让静止的空间具有生命的活性色彩，让生命的气息得以延伸，并更加灵动，更具美感。空间有美，相当于中国画中的留白艺术，在中国传统的审美体系中，空间也是有深度和厚度的，它本身被当做一种实体。借助空间，可以创造出无穷的画面。从哲学的角度讲，再美好的东西都要留有余地。水满则溢，月盈则亏。

气韵生动源自谢赫六法中的第一法。"气"亦可理解为气息，是天地万物之本源。"韵"可理解为韵律、韵味。气韵用于绘画、盆景就是画面的精神气质，即为"神"或"神采"。气韵生动是指画面形象的精神气质生动活泼、鲜明突出，也就是"形神兼备"。

空间和气韵共同营造盆景构图的画面之美，使之气息通畅、开合有度、画面活泼、形神兼备。

圆柏盆景局部：通过设计布局，绿色部分所
营造的空间、气息有一种行云流水的韵味

台湾真柏作品（蒋金村）

2. 有疏有密，虚实相生

疏与密、虚与实是盆景布局上的一对矛盾。柏树的枝叶茂盛，其密度浓重处即为实；枝叶生长稀疏处，就会有虚的感觉。为了达到疏密有致的观赏效果，布局时就要宜密则密，宜疏则疏。植物的生长都有顶端优势，柏树枝干顶端的枝叶密度会远远大于树身下部，这是植物生长的规律。盆景造型的三维立体结构有别于中国画的二维平面，所以柏树盆景造型要抓住枝叶的生长特性，利用顶端生长优势做好枝叶的技术处理，巧妙地处理好虚与实、疏与密、藏与露的关系，从而达到气韵生动的艺术效果。

圆柏盆景局部：有疏有密、虚实相生

3. 取势有道，动静结合

"势"是道家学派的哲学概念，通常可以表示静态的或稳恒行进的事物的演变趋向，是一种力的运动方向的比喻。所谓"取势"就是兼顾事物发展的状态及其演变的速度，通过采用一定的方法，使其向预期的方向和趋势演变。在柏树盆景的造型中，舍利的位置、大小、走向等因素与绿色生命部分（枝叶）是否"得势"密切相关。主枝（观赏枝）与干、结顶部分的逆势或顺势取向，也会影响作品的气势与张力。

动静结合也是道家的境界之一，是一种只能意会，不好言谈的意境描述。"静"，就是稳定的、站得住的感觉；"动"，能使整个画面活泼起来，是一种充满活力的表现。

在柏树盆景的造型时，要因势利导、见形取势，以静写动、以动衬静，使树体的整体结构在和谐中有冲突、平稳中求险峻。

圆柏盆景局部：巧妙取势，动静结合

4. 小中见大，情景交融

"小中见大"，是中国传统山水画中常见的艺术手法，也是中国古典园林造园艺术的重要手法之一。同样，在柏树盆景的创作中更是一个最基本的表现方式。盆景艺术以再现自然美为最基本的特征和创作要求，但盆中的空间是有限的，如何在咫尺之中获得犹如参天古树的艺术效果和寄情于物的审美体验，一直是盆景人追求的目标。"景愈藏，景界愈大""欲露先藏、欲抑先扬""虚中实、实中虚""大胆落墨、小心收拾"对这些相辅相成因果关系的理解，都是建立在小中见大的重要指导思想上。圆柏细小的鳞状叶片、柔顺的枝性，是表现小中见大的材质基础。在树姿结构上利用主干过渡的渐变、主枝出枝角度、长短跨度的合理调整，以及叶片部分的色彩变化等，形成层次上的景深感受，是构成小中见大艺术美的基本要求。

台湾真柏作品
（林胜政）

（四）柏树盆景创作的连续性和可变性

盆景是活的艺术品，其特殊性是每天都在生长。盆景造型的过程也是植物不断生长的过程。一般来说，柏树盆景的制作时间是用年份来计算的，少则 5—10 年，多则需要 10 年以上，才能完成一件作品的创作。当一个作品制作进入成熟期之后，它的最佳观赏效果就已经呈现。但是随着柏树不停地生长，树形不断地发生变化，这就需要我们对这个作品及时进行整姿作业，同时养护与管理作业也要跟得上去，这种连续性的制作与管理不会停止。正常情况下，成品树年份愈长，树品的成熟度就越高。在对一件柏树作品的审美评价中就有一条非常重要的内容，就是讲究树品的成熟年份：盆中树龄愈长，树愈苍老，审美价值就越高。

柏树盆景，与其他树木盆景一样，其盆景的可变性有两方面：一是素材本身的客观条件呈现，二是作者对素材的重新审美认识。就一般的创作规律来说，一件作品的可变性可以随时发生在由基本素材向成品过渡的制作全过程中。当作者决定一个素材的创作方案时，会按照自己的创作计划一步一步去实施。但有一天作者会突然改变自己的制作方案，去重新分析认识素材的特点，审美认识发生了改变，从而产生新的意象，确定新的艺术形象，在这种情况下，改作的过程就要开始了。

盆景创作的可变性还会发生在成品树和传世盆景的改作。对于成品树和传世盆景的改作，也应该理解为盆景创作的基本规律。第一，成品树随着年份的增长，树干与分枝的粗细比例会发生很大的变化，整体树形也会发生变化。第二，成品树在流通过程中，收藏家或制作者会对原有树形重新认识，一旦新的审美意象产生，便会实施改作。第三，传世盆景多为历经数十年或百年以上的作品，在这些作品中，一种类型是作品传承有序，在连续制作和改作的过程中保持作品的正常状态；另一种类型是，作品在传承过程中没有正常的管理制作，属于荒废的传世盆景，这类作品改作起来可变性比较大，如果创作发挥良好，那么作品就能重新换发新的艺术形象。

系雨川真柏，原桩有过造型   重新调整栽植角度，改变树   改作后的树形
经历，待整形或改作   形

改作数年后的树形

系雨川真柏改作（宋攀飞）

五、柏树盆景造型技法

　　盆景的艺术表现手法与中国的书法绘画有着密切的联系。线条是中国画的依据，中国书法也是线条的艺术，盆景的整体结构同样也离不开线条的表现。盆景是用枝干线条的构成来完成形象创作的。通过创造形象来表达意境。盆景造型是用科学和规范的操作技法来实现的，可见技法之重要。根据技法应用的常见性和独特性，柏树的造型技法可分为一般造型技法和特殊造型技法两类。

（一）一般造型技法

1. 铝线攀扎法

（1）材料与工具

　　准备各种规格的铝线（用于不同粗细的枝条弯曲固定），以及棉布条或麻皮（用于保护枝条树皮，免受伤害）。此外，还要准备断线钳等工具。

各种规格铝线

棉布条

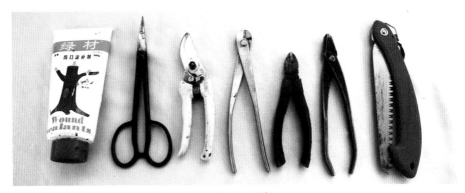

断线钳等

（2）操作方法

①清理枝叶：清理柏树上与造型无关的枝干、枯叶，选好小枝条及芽。

②缠线顺序：由根部往树冠、由下枝往上枝、由粗枝往细枝进行，最后再由树冠往下枝逐级做细部调整，直至满意为止。

清理杂枝

缠线顺序

③铝线的固定：缠绕根部时必须将一端反向深插入泥土中，使之牢固后再往上部缠绕，最后一圈也要固定好。缠绕枝干时必须从缠绕的起始端向上延伸两圈半，将线头固定在主干或者上一级的粗枝上，将铝线头放置在观赏面的背面。

缠绕根部时铝线的固定　　　　　　　缠绕枝干时铝线的固定

　　④铝线的缠绕旋转方向：枝条欲向右弯曲，铝线即向右旋转缠绕；枝条欲向左弯曲，铝线即向左旋转缠绕。右弯枝条需调至左弯时，可在中途利用枝丫来改变角度。弯曲点的外缘必须要有铝线通过，这样才不容易折断。

右旋转缠绕　　　　　　　　　　　　左旋转缠绕

⑤铝线的缠绕密度、实度：铝线以倾斜 45° 螺旋状缠绕，配合大拇指控制弯曲及走向，边调边缠，树干与铝线之间保持牙签可轻松插入的间隙，过紧会很快陷入皮层中，过松容易折断枝条。

铝线的缠绕密度　　　　铝线的缠绕实度　　　　铝线的隔缠法

⑥缠细枝的方法：枝与枝之间需采取隔缠法，远端与近端组合。如第一枝接第三枝，第二枝接第四枝，依此类推。两枝共用时铝线必须在干上缠上一圈以上，否则一枝弯曲时另一枝即会牵动，达不到定型的效果。若剩下单枝，铝线需固定在上一级枝上并向上缠绕两圈半，以避免从枝丫处撕裂。

⑦多条铝线的缠法：同一枝干需用两条以上铝线缠绕时，必须平行并排、紧靠、整齐排列，避免交叉重叠，有失美观。

多条铝线的缠法

⑧弯曲方法：缠绕铝线目的是为了改变枝条的角度，调整高低度，改变长短跨度，使线条优美流畅，注意应避免机械性的重复弯曲。通过铝线的调整，达到整株树格调的统一，自然美与个性表现的和谐。折曲时，边扭边转，顺着铝线旋转的方向用拇指或手掌对折曲点施加压力。也可用老虎钳或拿弯器协助操作，事半功倍。

拿弯器使用

（3）铝线攀扎注意事项

①攀扎枝干前应对盆土进行适当的扣水。

②根据所攀扎柏树枝条的粗度和硬度做初步判断，选择粗度适宜的铝线。这种经验的判断要经过长期不断的实践才能获得。

③对于弯曲角度大、受力重、易受伤的枝条，可以用棉布条或麻皮绕干包扎保护。

④随着枝条由粗到细的变化，在适当位置更换细一级的铝线，这样铝线与枝干配合得恰到好处，较为美观。切忌一根粗线从头缠到尾。

⑤缠绕铝线的目的是调整枝的伸展方向和最佳角度，完成整株柏树预先设计的造型定位，不是为了纯粹的枝条造弯。与此同时，也一定要考虑其枝条变化、长短跨度和弯曲弧度。枝干弯曲变化的走势要交代清楚。

（4）攀扎作业后的管理

缠绕铝线的作业是盆景整形技术中最基础的创作手段，也是非常残酷的！枝干的弯曲变形会造成不同程度的组织损伤，严重时会影响水和养分的输送，尤其是粗枝干的调矫，会使柏树木质部、形成层、表皮的细胞遭受不同程度的破坏。因此，对于整形后的柏树要加强管理，将其放在半阴及湿度较大的地方，且要经常对叶片、枝干洒水保湿，避免夏季烈日暴晒，让受伤的枝干顺利愈合，同时也避免死枝现象发生。待恢复生机后，方可进行正常的水肥管理。此外，在生长旺季枝条会增粗很快，要经常检查铝线是否陷入皮层。当目测稍有陷丝时，应及时取下铝线。取线时如损伤皮层，应及时涂抹愈合剂。

陷丝现象

2. 剪法

①柏树在生长季节里可随时适度修剪。如果重剪，一次枝条的剪除量不得超过总树冠量的60%。秋季生长末期，不得进行重剪。

②剪定粗枝时，最好用球形剪。残端长度应留有余地，以便雕刻修饰。

③修剪小枝时，最理想剪枝（芽）方法是斜着放置剪刀。如水平放置剪刀，很可能剪掉原本想保留的芽。

修剪小枝时正确剪法

修剪小枝时错误剪法

（二）特殊造型技法

柏树盆景造型的特殊技法，简单地说，就要用一些特殊的工具和一些特殊的技术、技巧，改变柏树的生长形态，提升素材艺术品质，但又不影响其正常生长的方法。

特殊造型技法必须建立在科学的植物生理理论的基础上，不违背植物生长发育的自然规律，确保实施的技法安全可靠。利用素材自身的结构特点，分析所实施方法在技术上的可行性，以及特殊技法实施后美感度的提升空间，是特殊造型技法的关键所在。其目的是，化丑为美，去伪存真，优中选优，提高素材的利用率，缩短柏树盆景的成形时间，提升素材的欣赏价值，以达到"虽为人工、宛若天成"的艺术效果。具体来说，柏树特殊造型技法有整形技法、雕刻技法、嫁接技法3种。

1. 整形技法

整形技法，顾名思义就是重新塑造形象的方法，即通过一些特殊的手段与技术，来改变柏树干或枝的出枝角度、弯曲变化、跨度等形态而产生干顺枝顺、线条流畅的艺术效果，以增加素材整体结构的和谐度和美感度。总结诚树园多年的经验，有以下两种大枝干的整形方法。

（1）粗干铝线攀扎法

调整粗枝干是缠线作业中最难的技术。操作时合理地运用杠杆原理，配合一些辅助工具，一般可以达到事半功倍的效果。本法主要针对直径2厘米以上的柏树枝干。具体做法如下：

①清理无用的小枝条，清理浮在表面的树皮和枯叶。

②用棉布条从干的基部开始缠干保护，缠绕时棉布条要后圈压住前圈宽度1/3左右。

③缠绕粗铝线。一般用7号或8号线，两条并用，规范操作。

④缠绕完成后，用拿弯器调校枝条角度和曲度。注意使用器械时，与枝干接触的部位要用厚橡皮垫加以保护，基本调整到构思的位置后牵拉固定。

清理枝干

布条保护

缠绕粗铝线

使用拿弯器调校

⑤调校粗干，不可能一步到位，应耐心地分几次进行，最终达到目标。开始时作适度的弯曲，待生长一两个月木质部愈合后再加压调整。

弯曲后效果

粗干铝线攀扎注意事项：

①缠绕铝线整形会暂时抑制枝干的生长，所以把树养得健壮是成败的关键。同时调校枝干手术段的前段部分要放开生长，不要急于造型，尽量把小枝前端牵拉成上扬的角度；对于一些下垂枝条，则要将前端牵拉上扬，以增强树势。

②调校枝干要尽量从干的基部开始，曲线要有上下、左右、前后等不同角度的变化。主枝要随主干的曲线延伸变化，要有来源、有去处，像流水一样流畅自然。同理，小枝也要随着母枝自然过渡，一脉相承。这样，整棵树的所有干、枝才会有一气呵成的气势。

③不要过分弯曲，或做规则化、机械化的重复，避免人工做作及匠气。

④定期检查生长情况，防止铝线陷入树皮，注意及时拆除铝线。

（2）以皮代干整形法

这是一种根据柏树的舍利特性而总结的皮、干分离的减压方法。具体来说，此法是将部分水线分离出干身，然后对其水线进行"代干"处理，辅以一定的造型技术，分离后的舍利完成画龙点睛的艺术构思，达到一举两得的艺术效果。

图中所示的枝干跨度较大，且僵硬、欠变化　枝干水线饱满、隆起、健壮

用开口钳从前往后依次将水线与舍利分离，注意不要伤及水线　分离后的水线和舍利

用钩刀将水线内侧的木质去掉一部分，以减轻阻力。木质部可放铝线保护

用棉布条包扎，保护水线，并缠绕铝线　弯曲达到理想的位置和角度。放养，待愈合后再进一步做整姿作业

以皮代干整形法（改变枝干位置及角度）

这是一棵侧柏的顶枝，直径8厘米，木质部已经形成舍利，成活的水线已经特别健壮，从造型设计考虑需要降低高度，使之更具曲线美

沿活着的水线用手锯纵向向下将水线与木质部分离开，跨度够造型所需即可。用小木条将两边撑开，以便操作

剥离水线内侧一部分木质部纤维，以减少阻力，并布上铝线保险加固，以增强韧性

用棉布条缠绕保护，以免伤及皮层。然后缠绕铝线

分步弯曲

调矫后的效果（达到降低高度及弯曲造型的要求）

以皮代干整形法（降低树干高度）

2. 雕刻技法

（1）常用雕刻工具及用途

工具的配备要针对所雕刻材料的特点，量材而配。山采古桩，木质坚硬、断面粗大，所以雕刻的工具要具备能处理这些素材的能力，所谓"工欲善其事，必先利其器"。工具的应用也是一门学问和技能，一个熟练手工操作的高手，一定也是设计与制造工具的行家里手，诚树园的柏树雕刻工具大多自造。经过数年的雕刻经验总结与使用比较，我们认为以下工具是必需的：

平头凿，用于消除断面开路、撬拔之用。分大小两种型号。

圆弧凿，常用于切横向木质纤维，疤痕洞穴的内收处理。分大中小三种型号。

火嘴钳、开口钳，用于撕拉、撬拔断面。

常用工具

平头凿

圆弧凿

尖嘴钳

开口钳

钩刀

钩刀，多用于钩拉纵向木质纤维，操作时需两手配合，以确保纤维不断掉。分大中小三种型号。

小电锯，用于局部粗大枝干的剪裁，以及分解大、直断面。使用时应注意安全。

小链锯，用于分解大的截锯断面、开路之用。转速快，使用时切记安全。分汽动、电动两种。

电钻，用于打孔及清理断头面部，便于内收处理。分大小两种型号。

小电磨，用于清理局部及小断面的修饰。

此外，还有前端向上翘、三面利刃、大小两头都可使用的自制工具，它可以从不同角度、不同深度对疤结洞穴内毛刺进行清理，以及对表层木质的清理。

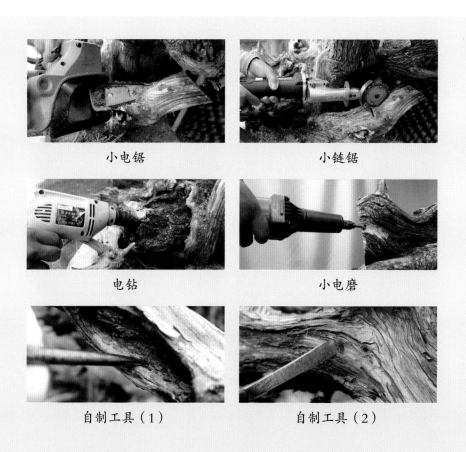

小电锯　　　　　　　　　　小链锯

电钻　　　　　　　　　　小电磨

自制工具（1）　　　　　　自制工具（2）

（2）雕刻原则与方法

柏树的雕刻是柏树造型设计和实施的重要技法之一。雕刻的基本原则是：尽量保护和利用天然舍利的自然部分，对一些有碍美观的断头、臃肿部位，以及影响纹理线条的洞穴疤结等一些丑陋、不合情理的部位进行合理的取舍，然后进行雕琢，使之接近自然风化的效果。

根据国内柏树素材的来源状况分析，早期以山采的桧柏为主，目前资源大部分已消耗殆尽。这些山采桧柏对柏树的雕刻技法的技术水平提升和雕刻理念的完善起了推动作用，但也破坏了宝贵的盆景素材资源。当时在盆景界就柏树雕刻的"是"与"非"，还有激烈的学术上的争论。实践证明，只要把握好创作对象的审美要求及素材的自然特点，掌握好柏树雕刻合理的尺度，以去伪存真、化丑为美的创作宗旨，合情合理地表现舍利、神枝自然属性，并处理好水线及绿色部分的和谐关系，完全可以施以雕刻技法。至于该不该雕刻，不是以你的意志为转移的，看看自然界的古老柏树一切都明白了。近些年，有不少山采崖柏陆续进入创作期，崖柏的天然舍利本身就是一个亮点，所以雕刻时应尽量保持自然风化的原貌，对一些明显的碍眼、丑点加以舍弃，消化残枝断头即可，活着的水线尽量不动为好。山采土柏原生在西北部的黄土高坡之上，生长土壤贫瘠少水，但树龄长、体型大，也有不少具有天然舍利、分化程度高的桩材，大部分下山土柏断头粗大，形似"炮筒"。这种材料的雕刻具有挑战性，对创作者是一种眼光和技术的双重考验。雕刻时应学会分析木质内部的变化结构，利用断头内部的纹理变化来表现破平立异、平中见奇的效果；把粗大断头"减肥除膘"、化整为零，以达到统一协调的要求。

台湾真柏作品（树高 105 厘米，周士峰）

　　台湾真柏为人工培育的材料，树龄只有几十年的时间，遇到老态好、有雕刻发挥空间的素材，可以表现舍利干的形象，利用枝干的扭曲和旋转变化来表现"线条"流畅的感觉。但不提倡纯粹为舍利而雕刻。

这是一个千年古柏上截锯大断面，直径近30厘米。如果不进行雕刻处理，缺陷是显而易见的

经过取舍、瘦身、化整为零、突出深浅变化等雕刻处理，前端平齐的锯面变得长短不一的风化效果，深浅的变化使一段圆木板状化，内部纹理清晰可见

雕刻技法实例（1）

这是一个截锯断面，虽然经过长时间的自然风化，但仍显得杂乱、平淡无味，不过洞穴结疤有表现的潜质。若技法得当，品质提升空间巨大

经过雕刻后，中间的平齐锯面被化解成长短不一、深浅对比的自然断面，突出表现了原有洞穴结疤的大小、深浅对比。舍利的形象既赋予审美情趣，又将自然风化的效果表现得淋漓尽致

雕刻技法实例（2）

这个硕大的截锯断面平淡无趣，且处在观赏面的重要位置，如何雕刻是对作者设计能力和雕刻的技术的双重考验

经过瘦身、化整为零后，大断面有藏有露。原来的一条缝变成了好看的树洞，增添了几份野趣

雕刻后的正面效果，圆木已变得板状化，下方的断面同样变得特别漂亮

雕刻技法实例（3）

这是一个粗大的土柏断面，剥离外面的边料以后，里面有钉头、结疤及旋转的纹理，雕刻提升空间大

镂空雕刻后的效果，是不是有惊艳之感？！这就是所谓的"天人合一、妙趣天成"的效果

雕刻技法实例（4）

这是一个平淡无趣的断面，无任何美感，且处在一个比较重要的观赏位置

经过破平立异之后，充分展现自然纹理，突出深浅的变化

雕刻技法实例（5）

这是雕刻中经常遇到的短断面，好多人会束手无策

经过雕刻后深浅变化丰富，突出了柏木天然纹理

雕刻技法实例（6）

这是一个平淡无味的断面，如鸡肋，食之无味，弃之可惜

经过雕刻，化实为虚，深深浅浅，表现木质自然风化的效果及柏木纹理的天然野趣

雕刻技法实例（7）

这是一棵台湾真柏,雕刻前水线明显、饱满,但少了些韵味

经过清理残枝,凹处落刀,突出素材多变的纹理变化,增强旋转的力度,强化深浅变化,由此丰富了线条的层次感,大大提升了艺术价值

雕刻技法实例(8)

这是经过电动工具雕刻后的断面，柏树的自然纹理已荡然无存，机械工具留下的痕迹影响美感

柏树的雕刻是对舍利自然形象的再现，也是对创作者审美水平和眼光的考验。经过全手工雕刻改作后，舍利的美感提升。改造平凡的过程，就是破平立异的过程，所谓不破不立

雕刻技法实例（9）

这棵古柏上的自然风化舍利，有的地方很自然，有的地方还需雕琢

以传统画论审美为标准进行取舍，同时采用雕刻工艺清理舍利上的破皮、浮尘及腐朽部分，达到了统一的质感

雕刻技法实例（10）

（3）水线留取原则

水线是柏树盆景活的组织，是柏树盆景得以生存及健康生长的生命线。在柏树盆景造型设计的过程中，水线的留取原则是：宁宽勿窄，宁多勿少。设计和雕刻时要顺着树皮的自然纹理表现水线，不要刻意破坏活皮部分来表现扭曲和旋转；否则，对柏树盆景的正常生长是一种伤害，其艺术表现违背自然，充满匠气味。年轻的幼树一般不提倡过分追求雕刻来表现舍利的形象，尽量保持树皮的完整性。

图示将水线留取在观赏面醒目的位置。若水线全部位于观赏面的背面，视觉效果差

观赏效果好的水线应随着主干的变化而变化，有弯曲、翻转者最佳，雕刻取舍时应尽量营造这种形象

水线饱满圆润、似隐似现，且有藏有露，最有魅力

不要过分剥去"活"的树皮，雕刻的目的不是刻意去表现舍利，而是创造一种合乎情理的艺术形象

涂红部分为活的水线，实际操作中应尽量保持活皮的宽度，营造一种线条丰富、前后翻转多变、有藏有露的形象特征

局部雕刻时在消除残枝断面的前提下更要注重舍利与活皮交界处的曲线变化，使之灵动，避免机械呆板

（4）舍利防腐

自然形成的天然枯干或成熟的柏树盆景的舍利，应注意木质部分的防腐。特别是靠近盆面的部分要重点防腐。刚刚完成雕刻的舍利，可自然风化一段时间，待木质表面产生类似包浆效果后，再行防腐保护。一般来说，每年的梅雨季节来临之前应做完舍利的防腐处理工作。具体做法是，用29波美度石硫合剂20—50倍稀释液均匀涂抹在木质部分。

3. 嫁接技法

（1）嫁接目的

柏树常用嫁接方法来改良品种，尤其是侧柏（土柏、二台柏、崖柏均为侧柏）叶形呈片状、生长速度较快、生性粗野，很难显现小中见大的艺术效果，且近年来山采侧柏盆栽后的小枝干流行一种真菌感染的枯枝病，很难治愈，很多玩友束手无策，只好采用嫁接方法。嫁接可大大提升侧柏的经济价值和艺术价值，如一些小型的崖柏桩嫁接日本系雨川真柏后，显得十分匹配，相得益彰；大型侧柏桩嫁接修机柏以后，既优化了品种的优良性状，又利用侧柏的千年古桩的特性。同时，通过嫁接，还可增强侧柏的抗病能力。

侧柏嫁接修机柏作品
（树高100厘米，宋攀飞）

（2）嫁接方法

嫁接就是把一种植物的枝或芽，接到另一种植物的茎或根上，使接在一起的两个部分长成一个植物体。接上去的芽或枝，叫做接穗；被接的植物体叫做砧木。嫁接的方式分为枝接和芽接。嫁接常用的工具与材料有芽切剪、嫁接刀、糯米纸、保鲜膜等。

嫁接方法是：选取适宜的接穗，并对接

嫁接常用工具与材料

选取健壮的一年生枝条作接穗，去除枝条上幼籽，并去除徒长枝和弱枝

从枝条底部开始向顶端梢部缠绕保鲜膜

缠绕保鲜膜时要压住前一圈的1/3—1/2宽度的保鲜膜。注意适当拉紧

梢头可留出一点枝头，以便观察芽动后的生长情况

选取砧木的合适位置，用嫁接刀斜30°角度切入至木质部，长度约10毫米

用嫁接刀把接穗两面各切一刀，将断面削成楔形，长度10—15毫米。断口两面坡形应一长一短，长短差3—5毫米。尽量一刀成形，切面要平滑

柏树嫁接方法

穗做保湿处理；在砧木适当位置斜切一刀；用嫁接刀将接穗削成楔形；将接穗插入砧木切口，使接穗与砧木形成层紧密结合；用塑料绳扎紧嫁接部分。

柏树嫁接时，应尽量多保留砧木原有的枝叶，这样砧木生长旺盛，有利于提高接穗成活率。嫁接 50 天左右基本成活，可先尝试拆去前端 1/3 的保鲜膜，待生长正常后再拆除后半段。绑扎固定用的塑料绳可视接口愈合情况择机拆除。春季嫁接一般不需要特殊的管理方法；秋季嫁接，应对接穗予以遮阴，防止暴晒，并尽量保持小环境湿润。

将削好的接穗插入皮层和木质部之间分开的形成层部位内，尽量使接穗与砧木之间贴合紧密，不让杂质或木质碎片混入形成层

用塑料绳将接口部分扎紧固定，松紧度要适宜，以接穗与砧木结合紧密为度，不可太紧或太松

接穗已开始生长

拆除前端保鲜膜

接穗在嫁接前，摘除幼籽，清理多余的枝条及腋芽等

清理后的接穗分枝合理、叶量适中

接穗包裹保鲜膜，放阴凉处备用

在古侧柏上选择合适的嫁接点，清理掉表层的部分老、厚树皮

斜刀横向切入树皮，触及本质部，并向外侧用刀刃部分离出形成层（一刀完成）

沿横切口一侧，向下纵切一刀，深达木质部，长度2厘米左右

将接穗两面各削一刀，使断口呈楔形，靠近木质部的一面稍长

沿纵切线将接穗插入横切口，将楔形部分全部插入形成层（皮层与木质部之间）内

接穗与砧木吻合良好

用塑料绳绑扎紧即可，约45天成活后可逐步拆除保鲜膜

古柏嫁接方法

（三）柏树观赏枝造型技法

　　所谓观赏枝，就是在柏树盆景上具有较高观赏价值的枝条。在盆景造型的过程中，强调从主干到侧枝之间粗度变化的过渡顺畅和自然，使之符合自然之理。理想的观赏枝，既符合中国传统画论对线条的审美要求，又达到抑扬顿挫的艺术效果。

　　观赏枝的重要性，一是强调了树内结构的合理比例，二是通过观赏枝的展现来表达小中见大、老态毕露及其空间之美。精彩的观赏枝可以成为一棵树的亮点、灵魂或神来之笔。

观赏枝

观赏枝可成为一棵树的亮点

1. 过渡枝的培养

过渡枝的培育是培养观赏枝的一个重要步骤，贯穿观赏枝造型的整个过程。根据过渡枝的粗细变化可以细分为若干级过渡。一级过渡枝达到理想粗度后，再进行二级过渡的培养……依此类推。这和岭南培养杂木枝托的方式很类似，所不同的是柏树枝条变化主要是靠金属丝调校或牵拉的方式完成的，然后予以适当的修剪，达到起启转合、跨度长短恰当的要求。

根据整棵树的间架结构，确定初步的造型方案，选定需要重点培养的观赏枝

对选定的观赏枝进行角度的调整，可用适宜的铝线进行攀扎后，调整出枝点的角度。角度的确定原则是主干或主枝与分枝过渡自然

过渡枝缠绕铝线的长度不宜太长，枝端部无需用铝线攀扎，以利于过渡枝生长

第一级过渡枝长到理想粗度后，再进行二级过渡的培养

2. 牺牲枝的利用

牺牲枝，是指与盆景造型无关，但可暂时保留，利用其光合作用能力补充树体营养，有利于枝干增粗的一类枝条。

在柏树培养造型的过程中，适当留存牺牲枝，既有利于树体营养积累，又能避免产生新的修剪伤口。但是牺牲枝不是永久性枝，待过渡枝基本达到预定粗度，或牺牲枝影响造型枝生长时，就要果断剪除。

一旦选定下一个拟培养的造型枝，这个造型枝以外的枝条都是牺牲枝

让过渡枝的某一顶枝或某一个强势枝疯长，形成强势的顶端优势，这个强势枝即为牺牲枝

当牺牲枝长得茂盛时，会遮挡光照，影响通风，以致影响造型枝生长，这时要剪去牺牲枝

（四）生长期枝叶疏理

柏树在生长期萌芽旺盛。未成形的半成品柏树，为使分枝粗壮，可让新芽疯长，但要及时修剪那些影响过渡枝生长的牺牲枝及徒长枝，使造型枝接受到充分的光照，通风良好。如果树已趋于成熟，是在维持轮廓阶段的树，

柏树生长期萌芽旺盛　　　未成形柏树，可让新　　成形柏树，必须摘芽
　　　　　　　　　　　　芽处于放养的状态

疏理前　　　　　　　　　　　　疏理后

枝叶疏理前后对比

就要摘掉顶端新芽来抑制其生长，这个作业就是"摘芽"。摘掉顶端的芽后旁边的芽就会生长活跃，如此反复摘芽作业会使前端小枝混杂，影响光照的通透，内膛小枝容易萎缩，造成树冠轮廓变形。因此，必须定期清理混杂的小枝，剪除内膛无用弱叶。

枝叶疏理作业的适期是5—9月。基本原则是：抑强扶弱，剪粗枝换细枝，去除乱生枝，清理稠密的叶片。

圆柏的花、果，尽早摘除

超出轮廓的嫩芽，及时摘除

超出轮廓线、稍长的新芽，可沿着轮廓线剪掉芽的前端

用剪刀剪时，与剪定一样从小枝的分枝点入手，斜着放置剪刀，以免剪掉原本想要保留的小枝

内侧不能形成枝条的细芽没有用，用手指或者剪刀，一叶一叶耐心除掉

没有主轴的一些芽不会长成枝条，是重点清理的对象

（五）实例：一棵桧柏10年创作历程

2002年山采的一棵桧柏素材，其形状奇特，似龙非龙，似凤非凤，人们称其为"龙凤柏"。该树的主干部分早已被切除，所见的枝干都是原生树根部分。原来的几条枝条叶量少，并且长势弱。经过4年的培养，枝叶增多，树势强壮，于2006年春开始动手制作。至2011年秋季，虽然成熟度还不足，但该树已进入观赏阶段。其制作过程复杂，先经历了繁杂而有难度的雕刻，后又实施了枝干整形手术，紧接着是数年的整姿作业。

桩材的观赏面
（2006年）

桩材的背面
（2006年）

成品时的观赏面
（2011 年）

成品时的背面，其造型效果已达到目标
（2011 年）

1. 雕刻

此桧柏已经风化的根干形状极为复杂，但线条变化较理想，木质老化程度高，具有较大的可塑性和造型潜力，如技艺应用得当，可创造出极富观赏价值的柏树舍利。

雕刻要点：顺其势，创造自然完美的肌理线条。尽量保留原有的天然风化形态，雕刻部分与之相衔接时要注意过渡自然，以浑然一体为好。对于大小断面的制作要注意章法，把粗与细、长与短、收与放的对比，以及形状的

每一个部位都让人怦然心动（2006 年）

创造表现到位。

这个素材具有主干粗、断面大、木质纹路缺少变化等缺点，这给雕刻造型带来了一定难度。对这种情况，造型上要注意：

①在拙中找巧，即寻找化肥重为灵巧的方法。注意在某一局部找到具有变化特征的部分，以突出个性，创造亮点，改变整体形象的视觉效果。

②破平立异，破除大的规则平面，建立不寻常的奇异效果。

③所有新创作的部分力求天然，与原本的自然风化表象保持一致。

④这棵树具有丰富的水线，雕刻时要重点保护。

雕刻这个大断面很有挑战性（2006年）

侧面观，面对这个粗家伙只有从中找乐趣了

从这个角度看，雕刻难度更大

有了创作思路，就开始动手吧（2006年）

攻关已初见成效，上边这一块纹路有
变化

这边的"骨头"更难啃，但或许"柳
暗花明又一村"

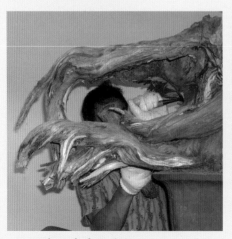

从前面看看这些断面处理效果

雕刻完成后背面

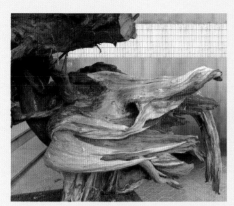

雕刻完成后局部（1）　　　　　　雕刻完成后局部（2）

雕刻后的风化形态（2011 年）

2. 粗干整形

图中可见，该素材一根粗干向后直伸，干径约 10 厘米，长度约 110 厘米。在粗干的脊背上有一条水线，清晰易见；沿着树皮向上约 40 厘米处有一组长势很好的小枝条，它让水线不断增厚，同时水线供养了这些充满生机的枝叶。显然，这根干的形状和位置都不理想，唯一能利用的是这一组枝条，但是，要想利用它可能要付出代价！

考虑观赏面的艺术效果，拟利用后位的这一组枝条，即想通过整形调矫，把它转移到树的右侧下位，以实现整体树姿的理想造型。构思既定，再分析一下整形的难度：第一，这条水线的宽度约 4 厘米，与皮下相连的木质层均为红色老化的不含水分的干木质，导管层和形成层厚度仅 0.5 厘米。这里在

漂亮的舍利和紫红色水线的质感对比（2011 年）

整形调弯时最易折断，操作时稍有不慎，都可能造成整形失败。第二，即使整形成功，其整体生长发育状况如何？能否达到以皮代干的整形目的？面对难题，作者只有权衡利弊，评估风险，力求做到以最安全的方法达到最完美的效果。为安全起见，严格操作规程：

①在去除木质部分的同时，做好断面的处理。

②在做皮层分离时切勿伤及导管层，木质部的厚度保留要适当。

③做好内外两层的支撑筋安放，加强保护措施。

④操作时弯曲动作要稳，循序渐进，做到手摸心会，不可用力过猛，以防折断。如不能一次弯曲到位，可分期实施。

⑤弯曲工作完成后做好固定措施，以防松动而造成不必要的损伤。

向后伸展的直干和干上的一组枝条

树干脊背上一条水线隆起

去掉枯干，准备分离水线

挖掉多余的木质

水线已经分离，断面已雕刻到位

内侧固定加强筋，用麻绳加固保护树皮

用塑料皮条封闭包扎后弯曲调矫

弯曲适度，做好牵引固定

1 年后将弯曲调整到位，此时皮层愈合组织明显增厚

3. 整姿

这棵树经过雕刻以后，更具有奇柏的审美特色。无论是枯干的舍利部分，还是紫红色的树皮都饱含着丰富的审美情趣，让人回味无穷。因此，在整体造型安排上予以突出表现：让绿色的枝叶部分与树干相互衬托，又能融为一体。

造型整姿要点：

①整体布局上，要险中求稳，不寻常中求寻常。右下位的大枝调矫成功，使整棵树有了平衡枝和主要观赏枝。

整形5年后水线明显增粗，已达到以皮代干的目的

经过2次调整后弯曲角度已到位，开始枝条整姿

枝条取舍（1）

枝条取舍（2）

②将树干精彩的部分都显露出来，在造型枝的布置定位时要实现这一目标。

③对于内枝的造型要讲枝法，讲线条过渡，讲枝的自然形象美，使每一个枝的造型安排都为以后常年的连续制作打下更新交替的枝法基础。

④布势安排时重视空间布白，重视层次感、节奏感、透视效果及纵深枝位的安排。

⑤这棵树在观赏面和背面的整体布置上要同等重视，做到两面可观赏，正面为主。

枝条取舍后，经首次整形效果

经 3 年全部整姿后造型

整姿后的初步效果（背面）

整姿后的初步效果
（正面）

六、柏树种植与素材园培

（一）柏树种植

1.柏树下山桩移植

①选择有一定新鲜根系，且有足够叶量的桩材。

山采侧柏

山采高山柏

②栽培之前，先检查根系情况，剪掉破碎的断根及杂根。大的断面要用利刀修平，并涂抹上愈合剂。然后对整株下山桩进行一次杀菌杀虫，可

以用200倍的高锰酸钾溶液杀菌，用500倍绿色威雷（8%氯氰菊酯微胶囊剂）杀虫。

③栽培土一定要具有颗粒性、通透性。最理想的栽培土是四成硬质赤玉土、四成风化沙颗粒（或川沙）、二成泥炭土。实践证明，泥炭土对促进桩材生根有很好的作用。

④新桩种植后，浇足定根水，然后尽量少浇水，但要保持盆土湿润的状态，经常往叶面、树干上洒水，保证周围小环境一定的湿度。

⑤种植初期最好在遮光50％的光照下培养，待成活后逐渐加大采光量。

⑥待新芽萌发、逐渐长出新叶后，可喷洒适量的叶面肥，增强其抗逆性。

⑦大约1年后，地栽成活后的素材可上盆进行正常管理。

⑧山采崖柏已经突破了采挖时间的局限，一年四季均有栽培。实践证明，采挖季节对于成活率的影响并不大。

2. 一般柏树桩移植

一般柏树桩是指绿化用材改造桩、人工园培桩材等柏树材料。这类桩材的移植技术要求不高，容易成活。一般注意如下5点即可。

①一般以春季为最佳移植时间。北方除了最寒冷的冬季外，其他季节也可进行，但养护麻烦一些。

②移植前需剪去至少一半的叶量，以减少叶面的蒸发量。

③修剪掉较粗的根及过长的根，清理腐烂坏死的根。

④选择透气性好的砂质土壤高垄浅植，盆栽时要配制疏松、透气性好的盆土。种后及时杀菌灭虫。

⑤保持土壤的湿润，避免积水，并经常在叶面上喷水，提高空气湿度。

（二）柏树盆景翻盆作业

1. 换盆原因

①根系是吸收水分的主要器官，而根系吸水的部位主要是根尖，包括分

生区、伸长区和根毛区。其中，根毛区吸水能力最强，根毛区以上的根系没有吸水功能。树在盆内的生长空间有限，根不断生长，根毛区以上部分越来越多，盆内的根毛区的空间被挤压，盆树的根系整体吸水量降低。所以，盆树换盆是更新根系的重要作业。

②栽植年限过长，土壤已板结，蓄水保肥能力减弱，透气透水不好，土壤理化性质变坏。

③盆树长粗，树冠长大，盆显得很小，树与盆不协调，有头重脚轻之感。

2.换盆方法

①对即将要换盆的柏树适当扣水，使盆土干些，以便脱盆。

②底部狭小而上面较宽的盆钵，剪断固定铝线后，可用拳头轻轻捶动盆缘，使盆土因受震动而与盆分离，便于盆树连土球一起拔出。内缘盆（盆腹比盆口大）或盆底与盆口同大的盆，其盆树较难拔，可用长螺丝刀从盆的边缘开始撬剥盆土，使盆四周盆土与盆逐步剥离。

扣水

换盆前剪去盆底固定的铝线

剥离旧土

四周的旧土已经被剥离

③从盆中取出土球。

④用钩子剥去 1/2 左右的旧土，并剪掉过长的老根。剪掉长根，但是尽量不要剪掉小根。如果大量剪根，容易长出刺叶。

从盆中取出土球

用钩子剥去旧土

剪去长根、老根

剪下的长根

⑤准备好固定用的金属丝，并放入垫底的粗砂

在盆底盆孔处放置塑料过滤网盆孔

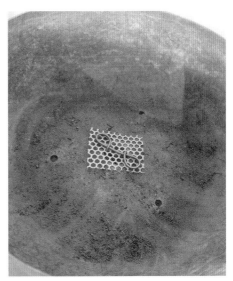

盆孔已放好塑料过滤网

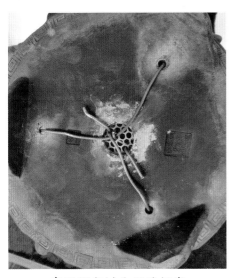

穿好固定树体用的铝线

放入粗砂垫底

⑥配好栽培土。根据多年的经验总结，柏树盆景栽培土的最佳配方：粗砂颗粒：赤玉土：泥炭土 =4 ： 4 ： 2。

赤玉土　　　　　　　粗砂颗粒　　　　　　　泥炭土

⑦再放入栽培土。

⑧放入树木，调整种植深度和观赏面角度。

放入栽培土　　　　　土球放入盆中　　　　　调整树姿

⑨在盆与根的间隙处放入栽培土，摇动树木使根和土之间不留空隙。

⑩用棒搅动栽培土，以填实根与土的空间。

⑪填土工作完成后，扎紧铝线，以固定树木。

⑫用小粒土装饰盆面，盆面的土略呈高低变化，显得自然美观。

填入栽培土

轻摇树干，使土密实

用棒捣实，以免出现空隙

扎紧铝线，固定土球

用小粒土装饰盆面

洒水

换盆作业完成

（三）素材园培

素材园培是发展柏树盆景事业的必经之路。早在十几年前就有一批默默耕耘的盆景人开始了柏树的人工培育，为柏树盆景的可持续发展提供了大量的优质桩材。

1. 育苗

（1）扦插育苗

当前盆景人比较喜爱的几个柏树品种都可以用扦插的方法来繁殖，如系雨川真柏、济洲真柏、修机柏、台湾真柏等。只要方法得当，成活率可以达到 90％以上。除冬季寒冷季节之外，一般季节都可以扦插繁殖，经过 3—5 个月的时间生长就可以分栽大苗或盆栽。具体扦插育苗方法如下：

①选取插穗。实践证明，插穗的大小、是否木质化对成活率影响不大，但尽量用长势强壮的更好。

②剪除插穗下端 1/3 的针叶，用市售的松柏生根液浸泡 10 分钟，晾干备用。

③做好插床。插床的尺寸可随意调节，以方便操作为宜。深度应不低于 15 厘米。

选取健壮插穗

剪除插穗下方 1/3 针叶

④配好栽培土。可用五成筛选过的风化沙颗粒（直径 2—3 毫米）、五成椰子糠粉混匀而成。

⑤将插穗插入苗床，深度 10—15 厘米。

⑥扦插后，置于遮阴、通风良好的场地。经常喷洒清水，保持苗床及周围的小气候的湿润。

扦插

扦插成活

（2）嫁接育苗

用二三年生的侧柏小苗为砧木，嫁接真柏小苗，方法简单、生长快。几十年前，浙江地区的花农就是用此种方法嫁接龙柏等绿化用苗。具体嫁接方法如下：

①选取二三年生的侧柏壮苗作砧木。侧柏苗大部分为容器苗，操作容易。

②选取接穗，长度一般在 10 厘米以内，用保鲜膜包裹保湿。

③将接穗下端两个面各削一个斜面，长度 10 毫米左右，斜面里长外短，以利于形成层吻合。

选取二三年生侧柏壮苗作砧木

选取接穗，并用保鲜膜包裹保湿

将接穗下端两面各削一个斜面，在砧木连根处斜切一刀

④在砧木靠近根的近端倾斜 30° 切一刀，长度应长于 10 毫米，并深达木质部。

⑤将削好的接穗的长面一面贴近砧木，并插入斜切的切口内。将两面形成层的马蹄面对准，让它们吻合。

⑥用塑料皮将嫁接处固定绑牢。

⑦嫁接后可假植在通风、遮阴的环境中，待确定成活后再分别定植。

将削好的接穗插入砧木切口内

将嫁接处绑牢，然后将其假植在遮阴、通风良好的环境中

2. 定向培养

所谓定向目标，是指及早有目的性、方向性地利用盆景造型的基本技法，如调矫、雕刻、牺牲枝利用、树形树姿干预，使其向目标造型方向生长；同时采用优质管理，以尽快达到与目标相接近的粗度、形状和可塑性。这样培养的素材方向明确，优良率高。园培素材定向培养要注意以下 5 点：

①根据设计目标的直径、高度比例来确定株距和行距。如果定向培育的是大型桩材（直径约 30 厘米、高度约 120 厘米），一般每亩（1/15 公顷）定植 30 株，培育时间为 15 年以上；培养中型桩材，一般每亩定植 200 株，培育时间在 10 年以内；培育小微型桩材，一般每亩定植 2000 株以上，培育时间 3—5 年。

大田栽培素材

②根据培育素材的大小、直径来决定干、枝弯曲变化大小、跨度的长短等，尽量做到线条流畅，自然不呆板。

③避免造型形式的单一性和重复性。在人工培育素材的过程中要避免千篇一律，尽量模仿自然界中古柏的形象特征，可以培育直干、多干、悬崖等多种形式，以接近自然山采桩材的野趣。

④素材生长过程中，充分利用牺牲枝，达到事半功倍的效果，这样可节省时间和管理成本。

⑤加强水肥管理，定期去除杂草，预防病虫害的发生，以达到快速成形的目标。

七、柏树盆景日常管理

一盆优秀的柏树盆景的创作过程，凝聚作者许多时间和心血，正所谓"十年方成佳景"。在实际的日常管理和艺术创作活动中，常常存在很多误区，其中比较典型的误区就是重造型、轻管理的错误观念。很多好的素材或成形的作品因管理失误而造成很大遗憾。所以说，柏树盆景的管理技术显得格外的重要。

（一）放置场地

柏树盆景应放置在四面通风、光照充足、地势高燥、水质良好的环境中。山采崖柏生坯栽培，夏季应有遮阴的场所。在北方培育柏树盆景，冬天要有可以越冬的简易温室，以确保小型柏树安全越冬。夏天雨水多时，要保证积水可以顺利排出场外。

（二）浇水

在盆景行内有句俗语叫做"浇水学三年"。浇水虽说没有多么深奥的理论，但是日常浇水的经验和感知很关键。看似简单的浇水，往往容易出问题。

柏树盆景喜湿润的环境，忌水涝。浇水要坚持"见干见湿、不干不浇、干则浇透"的原则，以确保根部正常的呼吸。要学会用肉眼观察盆土的干湿情况。5—6月是柏树盆景生长的旺盛季节，对水分的需求多，每天检查盆土的干湿状态，及时补允水分；夏季气温高，浇水要在傍晚或早上进行；冬季气温低，需水量减少，盆土保持湿润的状况即可，需要浇水时应选择在中午气温高的时候进行。

浇水时可喷洒柏树叶面，以清洁叶面，同时喷洒盆景周围地面，以保证周围小气候的湿润环境，对柏树的生长有利。用天然水浇灌最好；若用地下水，最好建储水池，将地下水放置几天后再用，也可在储水池中放一些锦鲤等观赏鱼，这样可以使水变活，一举两得。

盆土干燥

（三）施肥

近些年盆景栽培土提供肥效的功能在逐渐弱化，所以施肥就显得尤为重要。从植物生长需要来说，氮磷钾的摄入是生命之本：氮是植物体内蛋白质和叶绿素的主要成分，氮充足时枝叶茂盛浓绿，光合作用强，制造的有机物多，树生长得健壮；磷能促进植物发芽、长根、分枝、结实和成熟；钾可提高光合作用的强度，使代谢正常，增强树体抗病能力。此外，肥料还有增进土壤保水、保肥的能力，调节酸碱度，促进土壤中有益微生物活动等作用。

总的来说，柏树盆景对肥料的需求并不是十分严格。缺肥的柏树一般不至于死亡，但肯定不会长成一棵健康的柏树。树养得毫无生机，就不用谈什么创作。所以创作的前提是先养活树、养好树、养壮树，否则一切都是"浮云"。

肥料有有机肥料、无机肥料、生物性肥料等种类。柏树盆景上常用的肥料有以下两种。

（1）缓释肥

缓释肥是一种缓慢释放肥分的肥料。玉肥就是日本生产的一种专门用于松柏盆景的缓释肥，主要成分为油渣、骨粉、过磷酸钙、钾肥、纤维素等。其施用方法简单：将玉肥放入专用的玉肥盒中，均匀地插入盆土中，随着每日的浇水，肥分会慢慢地缓施盆土中。待肥粒消耗大半时，再重新放入。根据盆土的多少来决定置放玉肥的量，可在日常管理中慢慢摸索。国内已有多家厂商生产，质量可以媲美日本玉肥。用量大时也可自行炮制。

缓释肥　　　　　　　　玉肥　　　　　　　　玉肥盒

（2）自制液肥

将市售油渣（豆、花生、芝麻渣均可）捣碎，加入骨粉、钾肥拌匀，再加水适量，经半密封状态充分发酵 40 天左右后晒干装袋备用。施肥时，取适量放入水中浸泡，继续发酵两三天，然后稀释至合适的浓度后浇入盆中，切忌浓度过大，以免肥害。薄肥勤施为施肥基本原则。只有在长期的管理中不断摸索、总结，才能做到得心应手。

自制饼肥

（四）病虫害防治

1. 侧柏流胶病

（1）症状

侧柏流胶病是山采侧柏树桩在养护过程中常见的一种真菌感染病害。病菌从树枝的皮层伤口处侵入，以破损处为中心向四周扩散。病菌由表及里侵害侧柏的形成层组织，并造成坏死，以致皮层开裂流出胶液。肉眼可见凹形褐色斑块。感染严重时，形成层呈环形受侵，树枝的干枯死亡，甚至整株枯死。

侧柏流胶病症状

（2）防治方法

①下山桩成活后，应加强水肥管理，尽快恢复树势。上盆或造型操作时应避免对枝干的二次伤害。

②初春侧柏萌芽前及夏季高湿季节，用 29 波美度石硫合剂 100 倍稀释液连续施用 3 次，每次间隔 10 天。

③尽快嫁接更换优良的圆柏品种，可以一劳永逸地解决侧柏流胶病的问题。

2. 双条杉天牛

（1）形态特征

成虫体长 9—15 毫米，宽 3—6 毫米。体形扁，黑褐色。头部生有细密的点刻，雌雄虫体稍有差异。前胸两侧弧形，具有淡黄色长毛，背板上有 5 个光滑的小瘤突，排列成梅花状。鞘翅上有 2 条棕黄色横带。初龄幼虫淡

双条杉天牛成虫　　　　　　　双条杉天牛幼虫

红色，老熟幼虫体长 22 毫米、前胸宽 4 毫米、乳白色。卵白色，椭圆形，长约 2 毫米。蛹淡黄色，触角自胸背迂回到腹部，末端达中足腿节中部。

（2）发生规律

以成虫、蛹和幼虫越冬，1 年 1 代，少数为 2 年 1 代。自 3 月上旬开始，成虫咬破树皮爬出，在树干上形成一个个圆形羽化孔。成虫爬出后不需补充营养。晴天时活动，飞翔能力较强，可超过千米。活动的适宜温度为 14—22℃，10℃以下不再活动。其余时间钻在树皮缝、树洞、伤疤等位置潜伏不动，不易被发现。多在 14—22℃时进行交尾和产卵，雌雄成虫都可多次进行交尾并产卵。卵多产于树皮裂缝和伤疤处，卵期 7—14 天。幼虫自然

双条杉天牛为害状

孵化 1—2 天后才蛀入皮层为害。5 月中旬幼虫开始蛀入木质部。衰弱木被害后，上部即枯死，继续受害可使整株死亡。8 月中下旬幼虫老熟，在虫道蛹室内化蛹。蛹期 10 天，9 月陆续羽化为成虫越冬。

（3）为害特点

幼虫蛀入枝、干的皮层和边材部位串食为害，把木质部表面蛀成弯曲不

规则坑道，把木屑和虫粪留在皮内，破坏树木的输导功能。早期很难发现，给防治带来困难。主要为害侧柏、桧柏等树种的新移植树木、衰弱木、枯立木。

（4）防治方法

早春移植或换盆的柏树，当地气温超过15℃时，可喷洒绿色威雷500倍液喷湿树干，以触杀成虫。初孵幼虫期，可用氯氰菊酯300倍液喷湿树干或重点流脂处。在初孵幼虫为害处，用小刀刮破树皮，搜杀幼虫。

3. 红蜘蛛

（1）形态特征

成螨雌螨体长0.48毫米，宽0.32毫米。椭圆形，深红色或锈红色，体背两侧各有1对黑斑。雄螨略小，体色淡黄色。

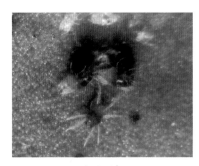

红蜘蛛

（2）发生规律

1年发生10—20代。雌雄成螨多在杂草、枯叶上越冬。翌春气温达10℃以上时，即开始大量繁殖。每雌产卵50—100粒，多产于叶背，卵期2—13天。繁殖数量过多时，常在叶端群集成团，滚满地面，被风刮走，向四周爬行扩散。每年高温低湿的6—7月份为害较严重。干旱年份易于大流行。

（3）为害特点

若螨、成螨群聚于柏树叶背吸取叶液，使叶片出现灰白色或枯黄色细斑。严重时叶片脱落，并在叶上吐丝结网，严重影响柏树的健康成长。

（4）防治方法

入冬前铲除周边杂草，清除残枝败叶。单一用药会增加抗药性，所以最好用几种农药配合使用，如乙螨唑、唑螨酯、阿维菌素等几种农药复配。喷药时一定要用高压喷雾，药水一定要喷在柏树叶片的背面。

（五）柏树盆景的月份管理

1月

①北方地区小体量柏树盆景可移进温室越冬。

②清理小枝上的老叶、枯叶，修剪影响通风、采光的徒长枝及无用枝。

③可以微整形，及早去除腋芽、不定芽。

④舍利干、神枝雕刻。

⑤用 29 波美度石硫合剂 50—100 倍稀释液消毒杀卵。

2月

①放置室外的柏树盆景宜在中午温度较高时及时补充水分，防止寒潮侵袭而出现干冻。

②放置在温室的柏树 2 月下旬可尝试嫁接补条，改良品种。

③舍利干、神枝雕刻。

3月

①柏树芽头开始萌动，嫁接繁殖、改良的最佳时间。

②喷洒绿色威雷，预防天牛。

③移植上盆、换盆的最佳时期。

④大幅度的改作、制作，大枝干弯曲整形等特殊技法实施的最好时机。

⑤开始施肥及病虫害防治工作，进入正常的水肥管理状态。

4月

①继续上盆、换盆作业，改作、造型等工作。

②疏理清除多余的枝、芽，摘除小枝上的雌花蕾。

③加强日常的水肥一体化管理，保证从此时开始至休眠期供应充足氮磷钾肥。

④4 月下旬开始预防红蜘蛛发生。

5—6 月

①剪定、疏枝、疏芽，抹去徒长的新芽。

②检查嫁接枝条的成活情况，分次及时去除接穗上的保鲜膜。

③预防红蜘蛛的发生。

7—10 月

①进入生长发育旺盛的时间，成形的柏树盆景不断有新芽萌发，不及时处理会使树势杂乱，因此需要尽早摘掉新芽的顶端来抑制其生长。摘一次新芽，新芽的侧旁的芽也会长长，因此在整个生长期都要进行摘芽作业。

②柏树的分枝处附近随时会萌发小芽，这些芽生长旺盛，会阻碍光照，影响通风，在 7 月份左右就要进行疏理。同时，疏理混杂的枝前端，以改善枝组的生长环境。

11—12 月

①粗枝剪定，去除已经完成任务的牺牲枝。

②舍利干及神枝雕刻。

③舍利干防腐处理。

④盆景园环境消毒、杀菌，做好入冬准备工作。

八、柏树盆景赏析实例

（一）日本百年杜松盆景作品赏析

这是一个日本杜松盆景作品，是一棵几经改作的传世名树，在日本盆栽界享有盛誉！这个古木大树形象不同于日本流行的模样树的形式，像一股清流涓涓而出，自然清新。它既有日本盆景那种善于装饰的凝重之风，又有中国传统文化的那种君子风范和文人气息。这样的作品在当下的日本盆景界也是为数不多的经典之作。

从桩材的自身特点分析，这是一棵标准的直干树形，舍利部分风化自然，木质结构细腻紧密，可以判定这是一棵树龄百年以上的古木。两条活着的生命线一直一曲，直的水线贯通至顶，一气呵成，形成一个健康完整的树冠，与中上部的舍利形成枯与荣的对比。弯曲的水线调和了直线条的刚硬而显得几分灵动与活泼，有藏有露地表现出中下部结构的合理性和趣味性。画面给人的感觉是：空间结构疏密有致，构图上既有大片的空白，又有绿色部分的厚重色彩；既有上下两层结构上的巧妙连接和空间上的情趣变化，又有通过后位枝景深所营造的立体感受。

总之，这棵直干杜松造型不拘一格、与众不同，超凡的艺术表现力可圈可点。

日本百年杜松盆景作品

（二）日本百年真柏盆景作品赏析

这是一个日本百年传世真柏盆景作品，经历几代藏家转手和改作，至今风貌犹存！它是日本的名树，被列为"贵重盆栽"，誉满盆景界。

在日本盆栽发展的历程中，也经历过"百花齐放"的多元时代，不拘一格地表现树种的自然天性。当今盆景"模式化"的潮流之中，仍有一些自然清新、超凡脱俗的个性化作品出现。这棵双干真柏的形象明显具备了千年古柏的神韵气质。它的造型充满了自然气息，没有匠气也不失真，真实地再现了自然界柏树的质朴苍老及生命坚韧的树性特征。它以历经沧桑的阅历告诉人们：一棵千年的古柏，它的震撼力不仅来源于外部形象的创造，更多的是给人一种自强不息的心灵观照。

日本百年真柏
盆景作品

（三）郑志林桧柏盆景作品赏析

这一个多干桧柏盆景作品，造型非常有特色。这个素材源于山采，一本多干的古柏树形象自然清新，野趣横生，且健壮茂盛，生命力充沛！作者匠心独运，经过取舍，去粗存精，充分发挥素材生与死的对比优势，准确地利用古柏的天然属性加以艺术形象的塑造，再现了古柏的前世今生！这就是"师法造化"、寄情于物的艺术表现力！

细观此树，作者巧妙构思，经过雕刻使枯木变得纹理清晰、长短合度，凸显了木质的骨化舍利形象。几条棕红的水线似隐似现，圆润饱满的生命活力给人一种"枯与荣"的强烈对比。绿色部分章法布局、层次结构清晰生动，枝叶疏密有致，典型的柏树枝法表现得淋漓尽致。作品配盆别出心裁，加上盆面的地貌布置，使树和盆融为一体，展现出一幅自然而又充满野趣的景观画面。

郑志林桧柏盆景作品

（四）诚树园欧洲刺柏盆景作品赏析

这是一个典型的欧洲刺柏垂枝式盆景作品，它是经过嫁接完成的。作者在选材时首先考量的是垂枝式树形的特点。对树干身段和过渡枝的走势，力求真实表现出自然界垂枝式树相特征。欧洲刺柏具有小枝下垂的特性，非常适合制作垂枝式盆景，颇有"似柳非柳"的韵味。但它毕竟是柏，骨子里有着天性使然的苍劲之气，能否合情合理地表现垂枝式树形的自然神韵，技法显得尤为重要。

诚树园欧洲刺柏盆景作品

作品在枝法处理上先对欧洲刺柏向上的顶枝进行一段弯曲下垂的处理，待粗度理想后再对一级过渡枝用同样的手法处理。经如此处埋，所有枝干显得脉络清晰、过渡自然，纤细下垂的小枝条柔和自然，长短有度。空间布白气息流韵，疏密得当，上下枝位错落有序，线条顺畅。其表现方式与画家画柳的章法有异曲同工之妙！作品的配盆也有讲究，通过长方形盆的合理搭配，展现出一幅自然景观的画面，酷似旷野中或水塘边的一棵古柳在沐浴着春风细雨，一派"细雨无声枝点头"奇妙景观。